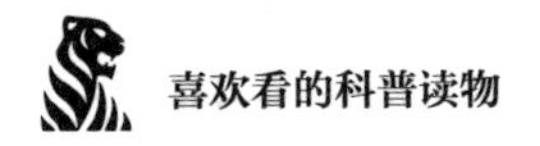

喜欢看的科普读物

纤维家族的历史

本书编写组◎编

XIANWEI JIAZU DE LISHI

世界图书出版公司
广州·北京·上海·西安

图书在版编目（CIP）数据

纤维家族的历史 /《纤维家族的历史》编写组编
. —广州：广东世界图书出版公司，2010. 8（2024.2 重印）
ISBN 978 -7 -5100 -2600 -3

Ⅰ. ①纤… Ⅱ. ①纤… Ⅲ. ①纤维 - 青少年读物
Ⅳ. ①TS102 -49

中国版本图书馆 CIP 数据核字（2010）第 160395 号

书　　名	纤维家族的历史 XIANWEI JIAZU DE LISHI
编　　者	《纤维家族的历史》编写组
责任编辑	陈世华
装帧设计	三棵树设计工作组
出版发行	世界图书出版有限公司　世界图书出版广东有限公司
地　　址	广州市海珠区新港西路大江冲 25 号
邮　　编	510300
电　　话	020-84452179
网　　址	http://www.gdst.com.cn
邮　　箱	wpc_gdst@163.com
经　　销	新华书店
印　　刷	唐山富达印务有限公司
开　　本	787mm×1092mm　1/16
印　　张	10
字　　数	120 千字
版　　次	2010 年 8 月第 1 版　2024 年 2 月第 13 次印刷
国际书号	ISBN　978-7-5100-2600-3
定　　价	48.00 元

前　言

PREFACE

说到纤维我们都不陌生，我们穿的衣服就是用各种纤维制成的。可是一旦你走进纤维的世界，你就会惊叹：原来纤维的种类如此之多，应用范围如此之广，真是令人意想不到！

纤维的利用可追溯到8000年以前古埃及对麻类纤维的应用。7000年前的新石器时代，我国已用葛纤维织布制衣，在出土文物中也发现了切开的蚕茧以及丝绣织品。

人类社会使用天然纤维已有数千年的历史，随着社会经济和科技的发展，资源消耗剧增，产生的不可降解的“三废”也同时剧增，致使人类赖以生存的地球生态环境急剧恶化。因此，基于环境保护和可持续发展的理念，人们已经开始呼唤无污染可降解的绿色纤维。

无机纤维，是以矿物质为原料制成的化学纤维。无机纤维新材料有两大类：一类是无机物和无机化合物纤维。无机纤维有着有机纤维所没有的优异特性，作为工业用纤维新材料，已经在新材料领域中确立了重要地位。

再生纤维是与天然纤维素和蛋白质具有相同化学组成的人造纤维。它分为再生纤维素纤维和再生蛋白质纤维两类。由于耕地的减少和石油资源的日益枯竭，天然纤维、合成纤维的产量将会受到越来越多的制约；人们在重视纺织品消费过程中环保性能的同时，对再生纤维素纤维的价值进行了重新认识和发掘。

合成纤维是化学纤维的一种，与天然纤维和人造纤维相比，合成纤维的原料是由人工合成方法制得的，生产不受自然条件的限制。合成纤维除了具有化学纤维的一般优越性能，如强度高、质轻、易洗快干、弹性好、不怕霉

蛀等外，不同品种的合成纤维各具有某些独特性能。

医学功能纤维是生物技术在纤维材料技术方面的突破。近几十年的飞速发展，是得益于组织工程学、纳米技术、材料表面改性技术的持续突破。这是一类用于诊断、治疗或替换人体组织、器官或增进其功能的新型高技术材料。按应用领域又可分为可降解与吸收材料、组织工程材料与人工器官、控制释放材料、仿生智能材料等。

防护纤维主要适用于各种特殊环境条件下，对人体安全、健康以及生活质量具有一定的保证和提高作用。从防护服，到航天中火箭的阻燃剂，防护纤维制品与人类生活密切相关。

功能性纤维作为一类重要的新材料，其概念、功能已逐渐扩展。如具有光、电传导功能的光导纤维、导电纤维和超导纤维这些传导功能纤维，以及具有超高吸水功能的超高吸水纤维等。

物质分离功能纤维是高功能纤维中的重要门类，在全球生态环境日益恶化，资源逐步枯竭的严峻形势下，物质的分离技术在水处理和环境保护、生物技术与生物医学工程、资源回收及能源开发等方面日益显示出其重要作用。

随着对材料特性，特别是功能纤维新材料特性认识的深化和全面应用，20 世纪 80 年代以来，出现了形状记忆纤维、变色纤维、调温纤维等一类新颖的智能纤维，它能够感知环境的变化或刺激，并做出响应。因其具有传统材料所不具备的某些优异特性和特殊用途，因此近年来日益受到各界的青睐。

纤维艺术是一种古老而又年轻的艺术形式，现代纤维艺术的历史并不长，从 20 世纪五六十年代开始，只有短短五六十年的时间，可是它的工艺手段和材质却与传统的纺织工艺、编织工艺有着千丝万缕的联系。纤维艺术以独特的艺术语言和形式在艺术世界中独树一帜，其无与伦比的表现技巧和形式的美感，极具视觉的冲击力、震撼力，其鲜明、强烈的艺术风格，形成强烈的艺术感染力。

纤维的应用几乎渗透到人类生活的每一个领域，离开了纤维，人类根本无法生活，因此走进纤维世界，了解纤维的种类、特性、功用等方面的内容，对于我们更美好、更有效的生活是有帮助的。

Contents

目　录

绿色纤维

LUSE XIANWEI

棉、麻、蚕丝、羊毛等天然纤维来自天地的孕育，是人类最早使用的纤维，自古至今它始终为人类所用。随着社会经济和科技的发展，天然纤维无论在数量和性能上已满足不了需求，在当今世界纤维消耗量中，化学纤维已超过50%，成为纤维材料来源的主要组成部分。据预测，到2050年化学纤维占纤维消耗量的比重将达70%～80%。由于绝大部分化学纤维耗用矿产资源，而其产品绝大多数又不能生物降解，致使人类赖以生存的地球生态环境急剧恶化。因此，人们为了保护资源和生态，促进经济良性发展，提出了“可持续发展战略”，由此全球已掀起了“绿色浪潮”，如生活方面，人们开始追求绿色消费、使用绿色产品，在生产方面，执行环保标准（ISO14000）、采用绿色资源、使用绿色技术和清洁工艺，生产绿色产品。因此开发和利用绿色纤维势在必行。

棉纤维

棉花大多是一年生植物，喜温好光。一般来讲，我国约在4～5月间开始播种，播种后1～2个星期就发芽，以后继续生长、发育很快，最后长成棉株。棉株上的花蕾约在7～8月间陆续开花，开花期可延续1个月以上。花朵受精后萎谢，花瓣脱落，开始结果，结的果称为棉铃或棉桃。棉铃由小到大，45～65天成熟。这时棉桃外壳变硬，裂开后吐絮。棉桃一般有4个棉瓣，每瓣常有7～9粒棉籽。吐絮后就可开始收摘籽棉了。根据收摘期的早晚，有早期棉、中期棉和晚期棉之分。中期棉长度较长，成熟正常，质量最好；早期棉、晚期棉质量较差。

棉　花

棉纤维是由种子胚珠（发育成熟后即为棉籽，未受精者成为不孕籽）的表皮细胞隆起、延伸发育而成的单细胞纤维。棉纤维是与棉铃、种子胚珠同时生长的。它的一端生在棉籽表面，一个细胞长成一根纤维。棉籽上长满了纤维，有长有短，每根棉纤维都是一个单细胞。

棉花是锦葵科棉属植物的种子上被覆的纤维，是纺织工业的重要原料。棉纤维制品吸湿和透气性好，柔软而保暖。

棉纤维是我国纺织工业的主要原料，它在纺织纤维中占很重要的地位。我国是世界上的主要产棉国之一，我国棉花种植几乎遍布全国。其中以黄河流域和长江流域为主，再加上西北内陆、辽河流域和华南，共五大棉区。

棉花的特性

（1）长度

棉纤维长度是指纤维伸直时两端间的距离，是棉纤维的重要物理性质之一。棉纤维的长度主要由棉花品种、生长条件、初加工等因素决定。棉纤维长度与成纱质量和纺纱工艺关系密切。棉纤维长度长，整齐度好，短绒少，则成纱强力高，条干均匀，纱线表面光洁，毛羽少。

棉纤维的长度是不均匀的，一般用主体长度、品质长度、均匀度、短绒率等指标来表示棉纤维的长度及分布。主体长度是指棉纤维中含量最多的纤维的长度。品质长度是指比主体长度长的那部分纤维的平均长度，它在纺纱

工艺中，用来确定罗拉隔距。短绒率是指长度短于某一长度界限的纤维重量占纤维总量的百分率。一般当短绒率超过15%时，成纱强力和条干会明显变差。此外，还有手扯长度、跨距长度等长度指标。

（2）线密度

棉纤维的线密度是指纤维的粗细程度，是棉纤维的重要品质指标之一，它与棉纤维的成熟程度、强力大小密切相关。棉纤维线密度还是决定纺纱特数与成纱品质的主要因素之一，并与织物手感、光泽等有关。纤维较细，则成纱强力高，纱线条干好，可纺较细的纱。

（3）成熟度

棉纤维的成熟度是指纤维细胞壁的加厚程度，即棉纤维生长成熟的程度，它与纤维的各项物理性能密切相关。正常成熟的棉纤维，截面粗、强度高、转曲多、弹性好、有丝光、纤维间抱合力大、成纱强力也高。所以，可以将成熟度看成棉纤维内在质量的一个综合性指标。

（4）强度和弹性

棉纤维的强度是纤维具有纺纱性能和使用价值的必要条件之一，纤维强度高，则成纱强度也高。棉纤维的强度常采用断裂强力和断裂长度表示。细绒棉的强力为3.5～4.5厘牛，断裂长度为21～25千米；长绒棉的强力为4～6厘牛，断裂长度为30千米。由于单根棉纤维的强力差异较大，所以一般测定棉束纤维强力，然后再换算成单纤维的强度指标。棉纤维的断裂伸长率为3%～7%，弹性较差。

（5）吸湿性

棉纤维是多孔性物质，且其纤维素大分子上存在许多亲水性基因（—OH），所以其吸湿性较好。一般大气条件下，棉纤维的回潮率可达8.5%左右。

（6）耐酸碱性

棉纤维耐无机酸能力弱。棉纤维对碱的抵抗能力较大，但会引起横向膨化。可利用稀碱溶液对棉布进行“丝光”。

此外，棉纤维中还夹着杂质和疵点，杂质有泥沙、树叶、铃壳等，疵点有棉结、索丝等。它们既影响纺织的用棉量，也影响加工和纱布质量，所以必须进行检验，严格控制。

纯棉织物

纯棉织物由纯棉纱线织成，织物品种繁多，花色各异。

(1) 原色棉布

没有经过漂白、印染加工处理而具有天然棉纤维的色泽的棉布称为原色棉布。它可根据纱支的粗细分为市布、粗布、细布，它们的特点是：布身厚实、布面平整、结实耐用，缩水率较大。可用做被单布、坯辅料或衬衫衣料。

(2) 府绸

府绸是棉布的主要品种，兼有丝绸风格。其质地细而富有光泽，布身柔软爽滑，穿着挺括舒适，用平纹组织织成。府绸组织结构上的特点是：经纱密度比纬纱密度大 1 倍左右，布身上经纱露出面积多于纬纱，其凸起部分在布面外观形成明显的菱形颗粒，加之其所用纱支质量较高，因此布面纹路清晰、颗粒饱满、光洁紧密。但府绸面料有一大缺点，即用其缝制的服装易出现纵向裂纹，这是因为府绸经、纬密度相差太大，经、纬纱间强度不平衡，造成经向强度大于纬向强度近 1 倍的结果。

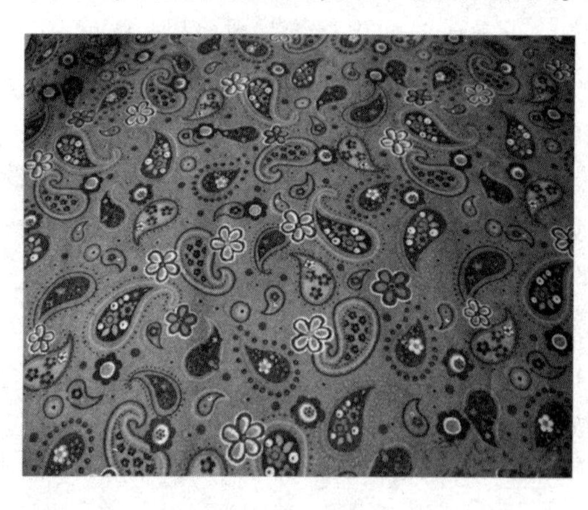

府　绸

(3) 毛蓝布

一般的坯布在染色前都要经过烧毛处理，使布面平整、光洁，而毛蓝布则不然，在染色前无需烧毛，染色后布面保留一层绒毛，故称“毛”蓝布。毛蓝布一般以䴘蓝染料染色，染色牢度较好，色泽大方，并有越洗越艳之感。其规格有多种：毛蓝粗布、毛蓝细布等。一般适合作外衣，遍销城乡各地。

(4) 印染、漂白布

由各类白坯布经印染、漂白而成。根据不同色彩分为素色布、漂白布、印花布。

①素色布：指单一颜色的棉织物，一般经丝光处理后匹染。

②漂白布：由原色坯布经过漂白处理而得到的洁白外观的棉织物，它又可分为丝光布和本光布2种。丝光布表面平整光泽好，手感滑爽；本光布表面光泽暗淡，手感粗糙。漂白布一般用来制作内衣、床单等。

印花布

③印花布：由纱支较低的白坯布经印花加工而成，有丝光和本光2类。这类布根据印花方式不同，其外观效果也不同，多为正面色泽鲜艳，反面较暗淡。适合制作妇女、儿童服装。

府　绸

府绸最早是指山东省历城、蓬莱等县在封建贵族或官吏府上织制的织物，其手感和外观类似于丝绸，故称府绸。织制府绸织物，常用纯棉或涤棉细特纱。根据所用纱线的不同，分为纱府绸，半线府绸、线府绸。根据纺纱工程的不同，分为普梳府绸和精梳府绸。以织造花色分，有隐条隐格府绸、缎条缎格府绸、提花府绸、彩条彩格府绸、闪色府绸等。以本色府绸坯布印染加工情况分，又有漂白府绸、杂色府绸和印花府绸等。

府绸是棉布中的一个主要品种，采用条干均匀的经纬纱线，织成结构紧密的坯布，再经烧毛、精练、丝光、漂白和印花、染色、整理而成。适宜作衬衫、外衣等服装，还可用作绣花底布。

麻纤维

麻纤维是一年生或多年生草本双子叶植物茎部的韧皮纤维和单子叶植物叶纤维的统称。韧皮纤维是植物茎部的韧皮中取得的纤维，亦称茎纤维。因较为柔软故称其为软质纤维。这类纤维的品种繁多，纺织行业使用较多的主要有苎麻、亚麻、黄麻、洋麻（红麻、橙麻）、大麻、苘麻等。其中苎麻纤维的长度较长，品质优良，可单纤维纺纱。其他麻纤维长度较短，一般采用工艺纤维（束纤维）纺纱。苎麻和亚麻是良好的夏用织物和装饰用织物原料，也是加工抽绣工艺品（如窗帘、台布、餐巾、头巾等）的理想原料，也可加工帆布、水龙带、缝纫线、服装的衬料等。黄麻、洋麻、大麻、苘麻等纤维较粗，故适宜制作包装用布、麻袋、绳索、地毯底布等。由于麻织物的吸湿、透气性好，是理想的食品包装用材料。

叶纤维是从植物的叶脉上提取出来的维管束纤维，具有经济和实用价值的有蕉麻、剑麻和凤梨麻，这类纤维较粗硬故也称为硬质纤维。其工艺纤维长度较长，强力高，伸长小，耐水侵蚀，不易霉变，适宜于制作缆绳、包装用织物、粗麻袋、地毯布等产品。

苎麻纤维

苎麻为荨麻科苎麻，属于多年生宿根性草本植物，一年可多次收获。苎麻纤维具有良好的服用性能，是优良的纺织原料。我国是世界上第一大苎麻生产国，其产量占世界总产量的90%，故有“中国草”之美称。它的品种很多，以白叶种和绿叶种最为常见。苎麻纤维中间有沟状空腔，管壁多孔隙，因而透气性比棉纤维高 3 倍左右；同时苎麻纤维含有叮咛、嘧啶、嘌呤等元素，对金黄色葡萄球菌、绿脓杆菌、大肠杆菌等都有不同程度的抑制效果，具有防腐、防菌、防霉等功效，适宜做各类卫生保健用品，被公认为“天然纤维之王”。它与棉、丝、毛或化学纤维进行混纺、交织，可以弥补上述纤维的缺陷，达到最佳服用效果。

（1）形态特征

苎麻茎呈圆筒形，上部较细，下部较粗，一般高2～2.5 米，直径为 3～4 厘米，表面毛茸较多，叶的边沿呈锯齿形。我国的苎麻一年可收获 3 次，分别为头麻、二麻和三麻。品质一般以二麻最好，头麻次之，三麻最差。

（2）初加工流程

苎麻纤维成熟后要及时收获，苎麻的麻茎收获时间对纤维的品质和收获量影响很大。收获过早，纤维未充分发育成熟，纤维的胞壁薄，强力低，可纺性差；收获过迟，纤维粗硬，强力和可纺性同样降低。将收获麻茎的麻皮

自麻茎上剥下后，先刮去表皮，称为刮青。经过刮青后的麻皮晒干或烘干后成丝状或成片状的原麻，称为生麻，即商品苎麻。生麻在纺纱前还需经过脱胶工序。过去多采用生物脱胶法，近年来渐渐采用化学脱胶法，国内采用化学脱胶法的工艺流程为：

选麻→解包剪束扎把→浸酸→高压煮练（废碱液）→高压煮练（碱液、硅酸钠）→打纤→浸酸→洗麻→脱水→给油（乳化油、肥皂）→脱水→烘燥→精干麻

苎麻长纤维纺纱要切短脱胶，其工艺流程为：

滚刀切断→稀酸预处理→蒸球煮练（喂料机→开纤→酸洗→水洗）

苎麻经过脱胶后麻纤维称为精干麻，残胶率控制在2%以下，纤维色白而富有光泽。

在麻纤维加工中针对苎麻纤维断裂伸长率小、弹性差、织物不耐磨、易起皱及吸色性差等缺点，可对苎麻纤维进行改性处理，如用碱—尿素改性的苎麻纤维，其结晶度、取向度减小，因而强度降低，伸长率提高，纤维的断裂功、勾结强度、卷曲度有明显增加；吸放湿能力提高，从而改善了纤维的可纺性，提高了织物的服用性能。

（3）色泽特征

苎麻纤维较其他麻类纤维有很好的光泽，由于含有不纯净物或色素，使原麻呈白、青、黄、绿等深浅不同的颜色，一般多呈青白色或黄白色，含浆过多的呈褐色，淹过水的苎麻纤维略带红色。在收获的三季麻中，以二麻较白，头麻、三麻色泽较暗，经过脱胶漂白后的苎麻纤维为纯白色，脱胶过多的苎麻纤维色泽变深，光泽差，强度亦降低，因此纤维的色泽亦是衡量纤维品质性能好坏的重要标志之一。

亚麻纤维

亚麻纤维是亚麻科亚麻属植物韧皮纤维。亚麻属亚麻植物有100余种，有一年生和多年生，纺织工业应用的为一年生纤维用草本植物。主要种植在我国的黑龙江、吉林、西北地区和内蒙古一带。亚麻纤维细长品质好，是优良的纺织纤维。

（1）形态特征

亚麻属韧皮纤维，麻茎直径1～3厘米，纤维成束的分布在茎的韧皮部

分，在麻茎径向均匀地分布有 20～40 个纤维束，呈一圈完整的环状纤维层。单纤维为初生韧皮纤维细胞，一个细胞就是一根单纤维，一束纤维中约有 30～50 根单纤维，在麻茎的不同部位单纤维和纤维束的结构是不同的，因此纤维的品质也不均匀。其麻纤维的径向结构可分成表层、韧皮层、形成层、木质层和髓腔。在麻茎中木质层占 70%～75%，韧皮层占 13%～17%，韧皮层中纤维的含量占 11%～13%。

（2）初加工流程

亚麻初加工指从亚麻茎中获得纤维。亚麻茎较细，木质不发达，从韧皮部制取纤维不能采用一般的剥制方法，亚麻的初步加工工艺流程如下：

亚麻原茎→选茎与束捆→浸渍麻→干燥→入库养生成干茎→碎茎→打麻→打成麻→手工梳理→分等成束→打包

亚麻的脱胶方法很多，常用的方法有以下几种：

①雨露浸渍法——将亚麻麻茎铺放在露天 20～30 天，利用雨水和露水的自然浸渍和细菌分解条件来达到沤麻的目的。此法操作简单，纤维质量较差。

②冷水浸渍法——将麻茎放入池塘湖泊中浸渍 7～25 天，利用天然水浸渍和细菌分解来完成沤麻的目的。此法亦较为简单，纤维质量较差。

③温水浸渍法——将麻茎放入沤麻池中，在 32～35℃ 的水温下浸渍 40～60小时。因此法对沤麻的条件能很好地控制，麻纤维质量较好，我国亚麻初加工厂大多采用此法。

④厌氧空气沤麻法——将麻茎置于乏氧的空气条件下，利用厌氧菌（氮菌、果胶菌等）来达到沤麻的目的，所得麻纤维为灰色或奶油色，强度高，色泽均匀，浸渍时间较温水法浸渍时间省 1/2 左右，在俄罗斯及西方一些国家有使用。

⑤汽蒸沤麻法——将麻茎置于一个密闭的蒸汽锅内，在 2～2.5 个标准大气压下蒸煮 1～1.5 小时。这种汽蒸麻质量较粗硬，我国仅有少量使用，国外使用较多。

除以上几种方法外，沤麻的方法还有许多种，无论采用何种方法，其机理都是采用微生物或化学的方法破坏麻茎中的非纤维素物质，使纤维从中分离出来，以供纺织加工使用。

亚麻纤维经过浸渍工序后，含有大量的水分，必须经过干燥。干燥后的麻茎称为干茎。干燥麻茎的方法一般有 2 种：一种是在大气条件下自然干燥，

另一种是利用烘燥机干燥。前法获取的亚麻纤维手感柔软富有弹性，光泽柔和，色泽均匀；麻纤维用烘干机干燥的好，而且成本低，因此我国普遍使用此法干燥。

碎麻茎是将亚麻原茎中的木质部分压碎、切断，将木质层与纤维层分离。工厂大都使用有 12 对沟纹罗拉组成的碎茎机进行碎茎。

(3) 色泽特征

亚麻纤维的色泽是决定纤维用途的重要标志，一般以银白色、淡黄色和灰色为最佳，以暗褐色、赤红色为最差。根据我国亚麻的品质情况，将打成麻的色泽分成 4 种：浅灰色、烟草色、深灰色、杂色。

亚麻衣服

黄麻纤维

黄麻属一年生草本植物。全世界黄麻的主要生产国为印度和孟加拉国，其次为中国、泰国、尼泊尔、越南、巴西等，此外在欧美一些国家也有少量种植。我国栽培的有长果种和圆果种两种，主要生长在长江流域和华南地区，以广东、浙江、福建、江西、四川、江苏、湖北、湖南等省种植较多。

(1) 形态特征

黄　麻

黄麻是单细胞纤维，生长在麻皮的韧皮部内，是由初生分生组织和次生分生组织的原始细胞经过伸长和加厚形成的。纤维细胞在麻茎的韧皮层中分多层排列，每层中纤维细胞集成一束，每个纤维束的单纤维细胞的顶部嵌入另一束纤维细胞之间，形成网状组织。在同一麻株中，各层细胞不断分裂实现纤维的增殖，同时，纤维细胞随着麻茎的增长逐渐发育成熟，又自内至外不断地分裂新纤维。黄麻生长到半花果期时达到工艺成熟期，纺织用的黄麻就是这一时期收获的，收获期过早、过晚对纤维的品质影响很大。

黄麻纤维的长度较短，一般以束纤维状分布在麻茎中，每束中有5～30根纤维。纤维纵向表面光滑无转曲，有光泽，偶有横节，截面呈五角或六角形，有圆形或椭圆形的中腔，其中腔大小不一，细胞壁厚薄不规则。

（2）初加工流程

黄麻的初步加工包括剥制、脱胶精洗、晒干、整理分级和打包。

黄麻从麻茎上剥取时，由于脱胶方法不同，在我国一般有“鲜剥”和“沤剥”两种方法。

从田间拔取麻株后，即剥下鲜皮进行精洗而成为熟麻的称为“鲜剥”，又称鲜艳皮剥皮精洗法；如果采用干皮，称为干皮剥皮精洗法。剥皮精洗过程：

鲜皮（剥皮、干皮）→选麻与扎把→浸麻→洗麻（机械洗麻或手工洗麻）→收麻→整理与分级→打包成件

将麻株拔下后即带杆清洗，待麻脱胶适度时再取韧皮纤维的称为“沤剥”，又称鲜茎带杆精洗法；如果采用干茎剥，称为干茎带杆精洗法。带杆精洗过程：

麻茎→选麻成捆→浸麻→压榨→碎根剥洗→晒麻与收麻→整理与分级→打包成件

除了以上所述的天然精洗法以外，亦可采用人工细菌脱胶法或化学脱胶法，由于成本较高，采用较少。

在黄麻的韧皮纤维中，果胶含量较多，黄麻韧皮纤维中的单纤维及不溶性果胶酸盐类所具有的黏合功能，相互交错连接而成为纤维束。由于这些单纤维长度甚短，不宜采用单纤维纺纱。在脱胶处理中，要求除去纤维束之间的果胶类物质和单纤维束外部的非纤维性物质，但不能破坏单纤维之间的胶层，所以脱胶不能过度，否则纤维束将离解成单纤维而失去纺纱价值。

（3）柔软度

麻纤维的柔软度，一般可在纱线捻度试验机上进行，以平直的一束麻纤维加捻到断裂所需的回转数来表示。回转数越高，表示纤维越柔软。

黄麻纤维的柔软度与麻的品种、栽培和生长环境密切相关，与脱胶程度也有关系。纤维的柔软度高，可纺性能就好，断头率就低。黄麻中长果种的柔软度要好一些。在麻茎的不同部位测得的纤维柔软度亦有差异，一般梢部

最柔软，中部次之，根部最差。不同粗细的纤维，细的柔软，粗的较硬。回潮率大小也对柔软度有影响，麻纤维在回潮率高时比较柔软。

（4）色泽、杂质与斑疵

黄麻纤维的色泽，除受品种的本质影响外，还受脱胶、清洗及水质的影响。

麻纤维的本色：圆果种黄麻为乳白色，部分为灰白色；长果种黄麻为乳黄色，部分为棕黄色。

正常成熟的麻纤维，光泽好的品质好，强度也高。生长较嫩的麻纤维，光泽虽好，强度欠佳，品质亦差。在麻纤维分等分级中，可以从麻纤维的色泽来鉴定麻纤维的强度。

麻纤维中的杂质是指附在纤维中的麻骨、麻秆、枝叶、皮屑、尘埃等物，以及混入的石块、铁块等。麻纤维的斑疵是指由于病虫害而脱胶不尽所造成的疵点。杂质与斑疵大部分可在梳麻工艺中去除，去除不尽的部分则影响各道工序的正常进行和最后成纱的均匀度。

竹纤维

竹纤维就是从自然生长的竹子中提取出的一种纤维素纤维，是继棉、麻、毛、丝之后的第五大天然纤维。竹纤维具有良好的透气性、瞬间吸水性、较强的耐磨性和良好的染色性等特性，同时又具有天然抗菌、抑菌、除螨、防臭和抗紫外线功能。因此，竹纤维是一种真正意义上的天然环保型绿色纤维。

竹　子

竹纤维的性能

竹原纤维是一种全新的天

然纤维，是采用物理、化学相结合的方法制取的天然竹纤维，它是继麻纤维之后又一具有发展前景的生态功能性纤维。天然竹原纤维与竹浆纤维有着本质的区别，竹原纤维属于天然纤维，竹浆纤维属于化学纤维。天然竹原纤维具有吸湿、透气、抗菌抑菌、除臭、防紫外线等良好的性能。

经过科学家变换红外光谱法、X射线衍射、电子显微镜、抗菌测试、热重分析及其他常规测试仪器的测试，表明竹原纤维是一种服用性能极佳的天然纤维素纤维。

竹原纤维具有较强的抗菌和杀菌作用，经过对竹原纤维、亚麻纤维、苎麻纤维与棉纤维进行抗菌性能测试，表明竹原纤维与亚麻、苎麻均具有较强的抗菌作用，其抗菌效果是任何人工添加化学物质所无法比拟的，天然、环保、持久、保健等特点与人工加工的抗菌纤维截然不同，且其抗菌效果具有一定的光谱效应。由于竹原纤维中含有叶绿素铜钠，因而具有良好的除臭作用。实验表明，竹原纤维织物对氨气的除臭率为70%～72%，对酸臭的除臭率达到93%～95%。另外，叶绿素铜钠是安全、优良的紫外线吸收剂，因而竹原纤维织物具有良好的防紫外线功效。

电子显微镜经扫描观察，竹原纤维纵向有横节，粗细分布很不均匀，纤维表面有无数微细凹槽。横向为不规则的椭圆形、腰圆形等，内有中腔，横截面上布满了大大小小的空隙，且边缘有裂纹，与苎麻纤维的截面很相似。竹原纤维的这些空隙、凹槽与裂纹，犹如毛细管，可以在瞬间吸收和蒸发水分，故被专家们誉为“会呼吸的纤维”，用这种纯天然竹原纤维纺织成面料及加工制成的服装服饰产品吸湿性强、透气性好，有清凉感。

竹纤维应用及前景

竹原纤维系列产品有：①服装面料。织物挺括、洒脱、亮丽、豪放，尽显高贵风范。②针织面料。吸湿透气、滑爽悬垂、防紫外线。③床上用品。凉爽舒适、抗菌抑菌、健康保健。④袜子浴巾。抗菌抑菌、除臭无味。

随着人类对“生态、健康、环保”理念的不断追求，竹纤维产品以其高科技含量，及其柔滑软暖、凉爽舒适、抑菌抗菌、绿色环保、天然保健的独特品质牢握市场脉搏，独树一帜。竹纤维织物的天然抗菌、抑菌、抗紫外线作用在经多次反复洗涤、日晒后，仍能保证其原有的特点，这是因为竹纤维在生产过程中，通过采用高科技生产技术，使得形成这些特征的成分不被破

坏。所以其抗菌作用明显优于其他产品。更不同于其他在后处理中加入抗菌剂、抗紫外线剂等整理剂的织物，所以它不会对人体皮肤造成任何过敏性不良反应，反而对人体皮肤具有保健作用和杀菌效果，是真正的亲肤保健产品，应用领域宽广。竹纤维面料在床上用品的应用，给广大消费者带来一个健康、舒适、凉爽的夏季。竹纤维面料也被业内人士誉为“21 世纪最具有发展前景的健康面料”。

竹纤维毛巾

知识点

竹纤维内衣

竹纤维内衣，是采用再生竹纤维为基础材料，与一定棉、氨纶混纺，伸缩性强，在尺码的推广上适用性强。竹纤维内衣具备了竹纤维所具有的一般特性：抑菌抗菌、超强透气、抗紫外线、天然保健、柔滑软暖、生态环保。竹纤维内衣的制作以无缝针织工艺为佳，另外在材料染色，缝制上也有很高的行业要求。需要强调的是，竹纤维内衣与“竹炭内衣”、“化学品提炼纤维内衣”有着本质的区别，后者往往采用柔润剂，使得普通材料也变得和竹纤维内衣一样柔润，但是这些内衣对身体不仅无利，反而有害。真正的竹纤维内衣手感细腻，蓬松，采用无缝针织技术，制作细致，缝制精美；而假冒竹纤维内衣制作粗糙，特别“柔软”，大都是拼接工艺，使用寿命短。

蚕丝纤维

蚕丝是高档的纺织原料，被誉为“纤维皇后”，它是天然纤维中惟一的长纤维，其长度可直接供织造。蚕丝强韧而富有弹性，纤细而柔软，吸湿和触感良好，特别是光泽优雅美丽。蚕丝制品风格各异，可轻薄如纱，可厚实如绒。丝织物除供衣着外，织制的各种装饰品如窗帘、头巾、被面、裱装等更是名贵华丽。在工业上还可以作为降落伞、人造血管、电气绝缘等材料。

蚕丝的形成

蚕一生经过卵、幼虫（蚕）、蛹和成虫（蛾）4 个阶段。从卵孵化成小蚕，食桑叶（或其他树叶），蚕长大成熟后，便上蔟吐丝结茧。茧丝是蚕体内 1 对绢丝腺分泌而形成的，这对绢丝腺分别位于食管下面蚕体的两侧。绢丝腺分前、中、后 3 部分。前部最细称为输丝部，中部最粗称为储丝部，后部最长称为泌丝部。泌丝部分泌出丝素，输送到储丝部，储丝部分泌出丝胶，丝胶与丝素并不混合，而是包覆在丝素的周围。然后丝素、丝胶一起输入前部输丝部，通过吐丝口吐出体外，在空气中凝固成丝。此时的蚕丝是由 2 根丝素和包覆在外面的丝胶所组成，称为茧丝。蚕吐丝时头部不断摆动，由外向内结成蚕茧。蚕茧的外层茧衣和内层蛹衬丝缕紊乱、细弱，不能缫成连续的长丝，只能作为绢纺原料纺成短纤维纱即绢丝。蚕丝的中层即茧层为主要部分，占总丝量的 70% ~80% 。茧层丝缕排列有序，品质优良，经过缫丝可直接供织造。

蚕

蚕丝的分类

（1）按饲养方式分：可分为家蚕丝和野蚕丝。家蚕一般是在室内饲养的，以桑叶为饲料，所得蚕丝又叫桑蚕丝，俗称真丝、厂丝。桑蚕丝质量最好，是天然丝的主要来源。野蚕是在室外放养的，有柞蚕、蓖麻蚕、棕蚕、天蚕等，所食饲料各不相同，其中以在柞树上放养的柞蚕为主，所得柞蚕丝是天然丝的第二主要来源。野蚕中的天蚕所吐的丝是一种价格昂贵，具有特殊外

观效果（呈微绿色）的优良纤维，可缫制长丝，产量很少。

（2）按化性分：化性是指蚕在1年内孵化的次数。在自然温度下，一年孵化1次的为一化性，孵化2次的为二化性，依此类推，其中以一化性的丝质最好。

（3）按产地分：有中国种、日本种、欧洲种3个品系。由于品系不同，所以蚕茧的外形及品质也有差异。中国种的蚕茧多球形或椭圆形，日本种多深腰形，欧洲种多为浅腰形。

（4）按饲养季节分：可分为春蚕丝、夏蚕丝、秋蚕丝。

（5）按初加工分：可分为生丝和熟丝。单根茧丝细而不牢，经过缫丝，即将几根茧丝合并，依靠丝胶胶合而成复合的茧丝就是生丝。生丝强力较大，手感较硬，光泽较差。除去丝胶的蚕丝称为熟丝，又称精练丝，光泽优良，手感柔软平滑。

蚕丝的初加工

茧丝细脆，强度低，不能直接用来织造，必须将数根茧丝平行排列，并合成一根具有规定粗细的长丝。蚕丝的初加工就是将蚕茧制成生丝的过程，也叫制丝。制丝从混茧、剥茧、选茧开始，经过煮茧、缫丝、复整等工序。

蚕丝被

（1）混茧、剥茧和选茧：①混茧是将各种性能近似的原料茧进行混合，扩大批量，延长连续缫丝的时间，保持性能稳定，提高生丝品质。②剥茧是剥除茧衣，便于选茧和缫丝。③选茧是剔除下脚茧，并进一步根据蚕茧的质量特点进行精选，分级以利缫丝。

（2）煮茧：是利用热水和药剂使茧丝上的丝胶能适当地膨润、软化、溶解，减弱茧丝间的胶着力，使茧丝能依次不乱地从茧层上抽出，以利缫丝顺利进行。

（3）缫丝：是利用缫丝机将几根茧丝，通过丝胶的胶合构成生丝的过程。

茧丝并合的根数取决于缫制生丝的细度和茧丝本身的粗细。在缫丝前，先要经过理绪，即将丝头理清找出正绪，又称索绪。在缫丝过程中经常有落绪现象出现，为保证生丝细度准确，必须及时添绪。有时根据需要，还要将生丝条相互捻绞，形成丝鞘。

(4) 复整：复整包括复摇和整理。复摇是将经缫丝机落下的丝条以一定的形式卷绕到大篗上，其目的是使丝条得到适当的干燥和保持一定的规格，并除去缫丝时造成的部分疵点。整理包括编丝、回潮、胶丝、捆丝和包装等，其目的是防止丝条混乱，保持丝色和统一丝质，保证生丝质量，便于运输。

桑蚕绢纺原料

在养蚕、缫丝和丝织生产过程中，不可避免地会产生一些下脚料。这些下脚料既具有天然丝的优良特性，又具有良好的可纺性，因此是宝贵的绢纺原料。经过绢纺工艺加工，可纺制细特的绢丝。绢丝的结构紧密，条干均匀，外观洁净，光泽好，再经丝织制成轻薄型的高档绢绸。而绢纺工艺过程产生的下脚料——落绵，可纺制粗特的䌷丝。䌷丝质地疏松，外表毛茸、柔软，吸湿性强，其产品风格别致。

绢纺原料的来源广泛，种类复杂。按原料的来源可分为 3 类：①养蚕、制种的下脚料，如废疵茧、留种茧；②缫丝下脚料，其中部分是缫丝过程中的废丝，部分是缫丝前剔除下来的不能用于缫丝的废疵茧；③织绸厂的下脚料。按蚕茧的种类又可分为桑蚕绢纺原料、柞蚕绢纺原料和其他蚕绢纺原料。在野蚕茧中（除柞蚕、天蚕外），野蚕的茧壳在茧端均有小孔，故不能缫丝，只能全部用作绢纺原料。

桑蚕绢纺原料是绢纺厂用得最多的原料，它可以分为茧类、丝吐类、滞头和茧衣类。

(1) 茧类。根据标准可分为双宫茧、口类茧、黄斑茧、柴印茧、蛆孔茧、汤茧、薄皮茧、血茧等类。

①双宫茧：是 2 条或 2 条以上的蚕共营 1 个茧。茧形大，形状不规则，茧层厚。由于 2 条蚕同营 1 个茧，难以按规律吐丝结茧，茧丝丝缕排列紊乱，交错重叠多，不能缫制高品位的生丝，可作为绢纺原料。双宫茧的丝质优良。

②口类茧：蚕茧上有一破口的茧，又分破口茧、蛾口茧、鼠口茧。口类茧本来都是上等好茧，是蚕业制种场的留种茧。a. 用刀削开茧壳，倒出蚕蛹，

化蛾交配产卵，这种茧即为破口茧。b. 蛹在茧壳内化蛾自行钻出茧层交配产卵，称为蛾口茧。c. 被老鼠咬破的茧，称为鼠口茧。口类茧的丝质优良，是绢纺的上等原料。

③黄斑茧、柴印茧、蛆孔茧：a. 黄斑茧是蚕在营茧前，排出的粪尿污染了茧层，呈现大小不一的黄色污斑，污斑处纤维的损伤程度视污染情况而定。黄斑茧煮练困难，除油难，精练前必须先处理黄斑，练丝的色泽可能遭到尿黄的影响。b. 柴印茧是蚕在营茧时，因蚕蔟落入茧层内而使茧层上留有蔟草的痕迹，其丝质优良，但精练困难，制成率低，易产生绵结。c. 蛆孔茧是寄生在蚕体的蝇蛆咬破茧层形成的茧，茧层上有小孔，丝缕已被切断而不能缫丝，但丝质优良。

④汤茧：是指缫丝时，茧丝断裂后，索不出绪丝长期浸在汤浴中的茧。茧层被蛹油污染，丝色较差。

⑤薄皮茧：是指病蚕或营养不良的蚕所营的茧。茧层特别薄，茧丝强度差，含胶量多，为下等绢纺原料。

⑥血茧：又称烂茧。是指蚕在营茧中或化蛹后死亡，蚕体或蛹体腐烂，污液污染茧层，渗到茧的外层，丝质很差，为下等绢纺原料。

（2）丝吐类。丝吐类以长吐为主，短吐和毛丝次之。

①长吐：是缫丝厂的副产品。在缫丝过程中，从索绪中获得的乱丝，经人工或机械整理成条束状，一般长达 15 米左右，称为长吐。长吐丝质最优，因为它的原料是上等茧，又大部分为外中层茧丝，纤维长而有韧性，是上等的绢纺原料。

②短吐：在整理长吐时落下的短丝头，再经整理成短吐。短吐纤维短，并含有结块、蛹衬，丝色差，含油含杂多，品质较长吐差。

③毛丝：是缫丝厂和织绸厂丢弃的废生丝屑，缫丝厂形成的称毛丝，织绸厂形成的称经吐。此类原料均为上等茧，纤维长，强力高，色泽白净，品质优良。但如发现有捻度丝必须拣去，不能混用。

（3）滞头类。又称汰头，是缫丝厂的副产品。蚕茧经缫丝后留下不能再缫制生丝的蛹衬，蛹衬中含有蛹体和蛹衣，将丝胶膨润、溶解再经滞头机加工，除去蛹体制成块状绵张即为滞头。滞头是数量较多的绢纺原料，其特点是纤维较细，强力小，丝胶含量少，手感柔软。优良的滞头洁白有光，若含油过多，则色黄发脆。从纤维质量来讲，滞头低于长吐，只能用于加工低品位的绢丝。

(4) 茧衣。茧衣来源于缫丝厂，是包围在茧壳外层的乱丝。春茧茧衣约占全茧量的20%，秋茧茧衣约占全茧量的1.8%。茧衣的特征是纤维细而脆弱，强力低，含胶量高达42%～48%，而且茧衣中含有较多的草屑杂质，需要人工拣选剔除，是下等的绢纺原料。

柞蚕绢纺原料

柞蚕绢纺原料一般分为丝类、茧类和屑丝类。

(1) 丝类。柞蚕绢纺原料与桑蚕绢纺原料大致相同，但名称区别较大。丝类一般以加工方法而命名，方法很多，名称也多，通常分成3大类：大挽手、二挽手、扯挽手。

①大挽手：是指在缫丝前剥茧理绪所得的绪丝经整理而成。相当于桑蚕绢纺原料中的长吐，是优良的绢纺原料。大挽手根据处理方法和原料不同，又可分为药水大挽手、水丝大挽手、灰丝大挽手等。

②二挽手：是缫丝时，茧丝断裂后的落绪茧，再经索绪获得的绪丝，经过加工整理而成。由于纤维来自茧的中层，质量较好，杂质较少，纤维粗且强度高，品位优于大挽手。若由蛹衬加工成二挽手，一般为机扯二挽手或称白片。其制作方法及原料性状与桑蚕绢纺原料的滞头相仿。制成的绵片上沾有蛹屑及茧皮，纤维较细。

③扯挽手：是不能缫丝的劣茧，经缫制药水丝等方法处理后，再用机械或手工将茧扯开而成绵张。其品质随柞蚕茧的品质而异。

(2) 茧类。茧类是不能缫丝的废疵茧。

①破损茧：茧层上有破洞的茧，如鼠口茧、蛾口茧，形成原因与桑蚕茧相同。

②印痕茧：有枝印茧、块印茧。枝印茧茧层表面有树枝印痕。块印茧茧层表面有光滑的块状印痕，蚕在结茧时与硬物接触过紧造成。

以上两类茧，丝质均较优。

③污染茧：有黑斑茧、内斑茧。基本上与桑蚕茧的烂茧相同。

④不良茧：有畸形茧、双宫茧、薄皮茧、阴阳茧（茧层一面厚、一面薄）、僵蚕茧等。

(3) 屑丝类。屑丝类是指织绸厂生产过程中的一些废丝。

素纱禅衣

素纱禅衣，1972 年在长沙马王堆一号墓出土，衣长 128 厘米，通袖长 190 厘米，由上衣和下裳两部分构成。交领、右衽、直裾。面料为素纱，缘为几何纹绒圈锦。素纱丝缕极细，共用料约 2.6 平方米，重仅 49 克。可谓“薄如蝉翼”、“轻若烟雾”，且色彩鲜艳，纹饰绚丽。它代表了西汉初养蚕、缫丝、织造工艺的最高水平。这件素纱禅衣中，禅衣用纱料制成，因无颜色，没有衬里，出土遣册称其为素纱禅衣。

丝织学上对织物的蚕丝纤度有一个专用计量单位，叫“旦”，每 9 千米长的单丝重一克，就是一旦。旦数越小，则丝纤度越细。经测定，素纱禅衣的蚕丝纤度只有 10.2 至 11.3 旦，而现在生产的高级丝织物还有 14 旦。

兔毛纤维

兔毛纤维细长，颜色洁白如雪，光泽晶莹透亮，柔软蓬松，保暖性强，是毛织品尤其是针织品的优等原料，做成的服装轻软柔和，保暖舒适，年轻女性穿上更增加了几分青春的活力，犹如白雪公主。

这里主要介绍安哥拉兔毛与彩色长毛兔。长毛兔都是在安哥拉兔的基础上发展起来的，现已发展成中国系安哥拉兔、英系安哥拉兔、法系安哥拉兔、德系安哥拉兔、日系安哥拉兔和丹麦系安哥拉兔。我国饲养安哥拉兔的历史相对较短，但发展非常迅速。自 1926 年开始，江苏、浙江一带就分别从西欧和日本引进了长毛兔，于 1954 年培育出一种全耳毛兔的品种，从此将兔毛向国外出口，到 1959 年兔毛出口量跃居世界第一位，成为国际市场上兔毛的主要供应国。自 20 世纪 70 年代以后，又引进了产量较高的德系长毛兔。自 80 年代以来，浙江、山东、安徽、江苏、河南等 5 省成为我国养兔最多的省份。此外，陕西、四川、广东、上海、北京等许多省市也都饲养有长毛兔，使我国的兔毛产量一直占世界总产量的 90% 左右，年收购量达到 8000 ~ 10000 吨，其中 90% 左右供出口，出口到亚、欧、非、美、大洋洲等 20 多个国家和地区。我国根据国际市场对兔毛的需求，由德系兔与法系兔、德系兔与土种兔杂交的方法培育出长毛兔种，这是一种含粗腔毛多的粗毛类兔毛（含粗腔毛10%～15%），专供日本、香港市场的需要，由于兔毛中含粗毛比例高，可使兔毛针织衫枪毛外露、具有立体感，以迎合时装美的潮流；繁育纯德系兔种和德系兔与中国长毛兔杂交所形成的中国毛兔种群，生产细毛类兔毛（含粗2%～5%），专供以意大利为主的西欧市场，以细毛比例高的兔毛，生产适应于精纺呢料风格的织物。这两类毛兔的存在与发展，为满足不同风格的兔毛纺织品及产品开发打下了良好的原料基础。

兔毛毛衣

彩色兔毛属“天然有色特种纤维”，它的毛织品手感柔和细腻、滑爽舒适，吸湿性强、透气性高、弹性好，保暖性比羊、牛毛高3倍，用彩色兔毛纺织成的服装穿着舒适、别致、典雅、雍容华贵，并对神经痛、风湿病有医疗保健作用。除上述优点外，更具有不用化工原料染色的优点，并且色调柔和持久，适应21世纪服装行业建立“无污染绿色工程”的要求。

世界上生产兔毛的国家，除了我国以外，还有韩国、阿根廷、印度以及非洲部分国家。法、英、德、日等国家虽有长毛兔饲养，但主要是培育优良品种，并未大面积饲养，这些国家生产的兔毛产量仅占世界总产量的10%左右。

羊毛纤维

羊毛覆盖在羊皮的表面，呈簇状密集在一起，在每一小簇毛中，有一根直径较粗、毛囊较深的导向毛，其他较细的羊毛围绕着导向毛生长，形成毛丛，毛丛中的纤维形态相同，长度、细度接近，生长密度大，又有较多的汗

脂使纤维相互粘连，形成上、下基本一致的形状，从外部看呈平顶毛丛，具有此特征的羊毛品质较好。毛丛中粗细混杂，外观呈扭结辫状的毛较差。

羊毛纤维的形成始于胚胎时期。从毛囊原始体的发生，到形成一套能够不断生长羊毛纤维的完整的毛囊组织，是伴随着羊胎儿的皮肤细胞同时发育的，经历了一个复杂的生物学过程。羊胎在57~70天时，在皮肤上将要生长毛纤维的地方会出现一个原始体。这个原始体以后逐步形成毛囊和它的一整套附属物。

羊毛衫

由于新生的角质化细胞不断增长，生长成的羊毛纤维便愈来愈向上，加上毛囊的周期性规律的运动，毛纤维最后穿过表皮伸出体外，即形成了毛孔。毛纤维的整个发育，从表皮原始点起，到突出胎儿体表止，共持续30~40天。

羊毛纤维有许多优良特性，如弹性好、吸湿性强、保暖性好、不易沾污、光泽柔和、染色优良，还具有独特的缩绒性。这些性能使羊毛制品不但适合春、秋、冬季衣着选用，也适合夏季，成为一年四季皆可穿的衣料。此外，羊毛制品在工业、装饰领域中也有广泛用途，如工业用呢、呢毡、毛毯、衬垫材料，装饰用壁毯、地毯等。

羊毛纤维的分类

(1) 按纤维结构分。

①细羊毛：毛纤维平均直径在25微米以下，品质支数在60支及以上的同质毛。一般无毛髓，富于卷曲。

②半细羊毛：毛纤维平均直径在25.1~55微米，品质支数在36~58支的同质毛。一般无髓质层，卷曲较细羊毛少。

③两型毛：一根毛纤维有显著的粗细不匀，兼有绒毛和粗毛的特征，有断续的髓质层的，称为两型毛。

④粗毛：直径在52.5微米以上的羊毛，一般有毛髓，卷曲少或无卷曲。

⑤发毛：有髓质层，直径大于75微米，纤维粗长，无卷曲，在毛丛中常形成毛辫。

⑥腔毛：国产绵羊毛中，髓腔长50微米及以上，髓腔宽为纤维直径1/3及以上的毛纤维称为腔毛。

⑦死毛：除鳞片层外，几乎全是髓质层者称为死毛。色泽呆白，纤维粗而脆弱易断，无纺织价值。

粗毛、发毛、腔毛和死毛统称为粗腔毛。以粗腔毛百分率表示其含量，是评定羊毛型号的重要指标。

（2）按毛被上纤维类型分。

①同质毛：由同一类型毛纤维组成。

②异质毛：由不同类型毛纤维组成。

③基本同质毛：在一个套毛上的各毛丛，大部分为同质毛形态，少部分为异质毛形态。

（3）按剪毛季节分。

①春毛：指春季从羊身上剪得的毛。春毛生长时间较长，且经过冬季，故纤维较长，底绒较厚，品质较优。但因经寒风侵蚀，毛尖较粗糙，含土杂也较多，净毛率较低。

羊毛大衣

②伏毛：指夏季从羊身上剪得的毛。纤维粗短，含死毛较多，品质较差。

③秋毛：指秋季从羊身上剪得的毛。因上季剪毛后到秋季，羊毛生长时间短，所以纤维也短。但因夏季水草丰盛，羊营养好，故细度比较均匀，羊毛洁净，光泽好，不过颜色较黄。

除上述外，还有彩色羊毛，它是在生长时就具有色彩的羊毛；剥鳞羊毛是剥除了鳞片的羊毛，全剥鳞羊毛可做丝光羊毛衫。

羊毛纤维的物理特性

（1）吸湿性较好，公定回潮率15%～17%，最高可达40%，吸湿性比棉好。

（2）羊毛的缩绒性：羊毛纤维及其织品在湿热条件下，经机械力作用，使羊毛集合体逐渐收缩紧密，并相互穿插纠缠、交编毡化，这种性质称羊毛的缩绒性。缩绒性是羊毛重要特性之一，毛织物通过缩绒，可提高织物厚度和紧度，产生整齐的绒面，外观优美，手感丰满，提高保暖性。但有些品种如精纺织物、羊毛衫等，要求纹路清晰，形状稳定，须减小缩绒性，通常采用破坏鳞片层的方法。

（3）可塑性：羊毛在湿热条件下膨化，失去弹性，在外力作用下，压成各种形状并迅速冷却，解除外力，以压成的形状可很久不变，这种性能称可塑性。可塑性在处理中可产生两种结果。

①暂定——定型后通过比热处理更高温度的蒸汽或水的作用，使纤维重新回缩至原来形状。

②永定——定型后的纤维在蒸汽中处理1～2小时，仅能使纤维稍有回缩基本形状不变，这种现象称为永定。

（4）羊毛纤维弹性好，是天然纤维中弹性恢复性最好的纤维。

（5）羊毛的比重小，在1.28～1.33之间。

（6）保温性好，是热的不良导体。

（7）羊毛的强度较其他纤维低，1.5克/吨，但断裂伸长率可达40%。由于羊毛较其他纤维粗，并有较高的断裂伸长率和优良的弹性，所以在使用中，羊毛织品较其他天然纤维织品坚牢。

羊毛纤维的化学特性

羊毛是天然蛋白质纤维，主要成分是叫角朊的蛋白质构成，角朊含量占97%，无机物1%～3%，羊毛角朊的主要元素是C、O、N、H、S。

（1）酸的作用：羊毛对酸作用的抵抗力比棉强，低温或常温时，弱酸或强酸的稀溶液对角朊无显著的破坏作用，随温度和浓度的提高，酸对角朊的破坏作用相应加剧。如用浓硫酸处理羊毛，升高温度，可使羊毛破坏，强力下降。

(2) 碱的作用：羊毛对碱的抵抗能力比纤维素低得多，碱对羊毛的破坏随碱的种类、浓度、作用的温度和时间的不同差异较大。角朊受破坏后，强度明显下降，颜色泛黄，光泽暗淡，手感粗硬，抵抗化学药品的能力相应降低。所以在洗涤时不能使用碱性制品。

(3) 氧化剂的作用：羊毛在漂白时不能使用次氯酸钠，它们与羊毛易生成黄色氯氨类化合物。过氧化氢对羊毛作用较小，常用3%的稀溶液进行漂白。

(4) 日光的作用：羊毛是天然纤维中抵抗日光、气候能力最强的一种纤维，光照1120小时，强度下降50%左右，主要是紫外线破坏羊毛中的二硫键，使胱氨酸被氧化，颜色发黄，强度下降。

(5) 热的作用：60℃干热处理，对羊毛无大的影响，温度增加，逐渐变质，100℃烘干1小时，颜色发黄，强度下降，110℃发生脱水，130℃深褐色，150℃有臭味，200～250℃焦化。羊毛高温下短时间处理，性质无变化。

山羊绒

从山羊身上抓剪下来的绒纤维，称为山羊绒，简称羊绒。它是山羊在严冬时，为抵御寒冷而在山羊毛根处生长的一层细密而丰厚的绒毛，入冬寒冷时长出，抵御风寒，开春转暖后脱落，自然适应气候。气候越寒冷，羊绒越丰厚，纤维越细长。

山羊绒在世界市场上被称为“开司米”，这是因为过去曾以克什米尔作为山羊原绒的集散地，于是它就以克什米尔的名称流行世界各地。据考证，克什米尔地区的山羊最早起源于我国西藏，是后来迁移到克什米尔地区的。山羊绒纤维是高档服饰原料，故在我国又被称为“软黄金”、“纤维的钻石”、“纤维王子”、“白色的云彩”、“白色的金子”等美誉。

羊绒不同于羊毛，羊绒只生长在山羊身上。一般概念上讲，羊绒仅指山羊绒而言。绵羊并没有绒，许多人把绵羊身上的有点类似于羊绒特性的细羊毛称作“绵羊绒”，其实是混淆了羊绒与羊毛的概念。

羊绒有白绒、紫绒、青绒、红绒之分，分别以W、G、B、R表示，其中以白绒最珍贵，仅占世界羊绒产量的30%左右，但中国山羊绒白绒的比例较高，占40%左右。山羊原绒有型号和等级之分。平均直径≤14.5微米为特细

型，14.5～16.0 微米为细型，≥16.0 微米为粗型；特细型和粗型又分为一、二等，细型分为 1～4 等。

山羊绒围巾

羊绒产量极其有限，一只绒山羊每年产无毛绒（除去杂质后的净绒）50～80 克，平均每五只山羊的绒才够做一件羊绒衫。世界上产羊绒的国家，以产量多少为顺序排列为中国、蒙古国、伊朗、阿富汗等，此外印度、俄罗斯、巴基斯坦、土耳其等也有少量生产。近年来，澳大利亚和新西兰也开始培育绒山羊。世界羊绒年产量在 1.4 万～1.5 万吨，而中国羊绒年产量约为 1 万吨，占世界总产量的 70% 左右。近年来，俄罗斯、蒙古国、伊朗等国每年也有 1500 吨左右的羊绒流向我国。中国羊绒业经过 20 多年的发展，已经从世界第一羊绒资源大国，发展成为世界羊绒生产、加工、销售和消费第一大国。我国羊绒衫产量已位居世界首位，年加工能力在 2000 万件以上，占世界总产量的 2/3 以上，已经形成“世界羊绒看中国”的局面。

绵羊毛

(1) 国内绵羊毛

我国绵羊主要分布在新疆、内蒙古、东北、西北、西藏等地。由于各个地区自然条件、饲养条件不同，因而绵羊毛品种较多，这些品种主要分为改良毛与土种毛两大类。

国产羊毛的基本特点：净毛率差异大，自然条件好的牧场和部分饲养管理好的牧场净毛率能控制在 60%～70%，差的一般在 35% 左右；长度差异大，好的牧场，平均毛丛长度能达到 75 厘米以上，差的牧场和散户一般只能达到 65 厘米左右，有的更短；羊毛品质差异大，羊毛质量不稳定，好的质量基本指标接近外毛，选用毛支数率可达 98% 以上，差的只能在 60% 左右。

绵　羊

(2) 国外绵羊毛

世界上产毛量最高的国家为澳大利亚，其次为新西兰、俄罗斯、阿根廷、乌拉圭、南非、美国、英国等。

①澳大利亚毛：澳大利亚羊毛占世界总产量的1/4以上，羊皮年出口量达到500万张，素有“骑在羊背上的国家”的美誉。澳大利亚是世界上拥有美利奴羊最多的国家，约占全澳绵羊存栏总量的75%以上。美利奴羊主要用来提供细羊毛，也用于与其他羊杂交，改良羊种，细毛产量占总产毛量的3/4。澳大利亚是生产细毛的主要国家。毛纤维质量较好，支数多为60~70支。毛的卷曲多，卷曲形态正常，手感弹性较好。毛丛长度较整齐，一般均为7.5~8厘米，也有长达10厘米以上的。含油率多为12%~20%，杂质少，洗净率高（为60%~75%）。我国进口的细毛主要是澳毛。

②新西兰毛：新西兰羊种由美利奴羊种与英国长毛羊种交配培育而成。纤维多属半细毛类型，支数多为36~58支，其中以46~58支为最多，羊毛的长度长，毛丛长度可达12~20厘米，毛的强力和光泽均好，油汗呈浅色，易于洗除，羊毛脂含量为8%~18%，含杂少，净毛率高。这种毛是毛线、工业用呢的理想原料。我国进口的半细毛主要是新西兰毛。

新西兰羊毛大衣

③南美毛：主要产地为乌拉圭和阿根廷。其主要特点是长度和细度的离散系数偏高，疵点毛较多，草刺多。其中乌拉圭毛属于改良种羊毛，毛丛长度较短，为7~8厘米，细度偏粗，长

度差异大，有短毛及二剪毛，草刺和黄残毛较多，原毛色泽乳黄，不易洗，净毛率较低。阿根廷毛一部分属于改良种羊毛，其质量与乌拉圭毛相同；另一部分属于美利奴羊种，毛丛长度较短，细度好，但离散系数大，常含有弱节毛，原毛色泽灰白，较难洗，含土杂率也高，净毛率较低（50%～60%），毛的手感较好，但强度差。

④南非毛：毛的质量较澳毛差，毛丛长度为7.5～8.5厘米，最短的仅7厘米左右，毛的细度较均匀，手感好，但强力较差，含脂量多为16%～20%，含杂较多，洗净率低，但洗净毛色泽洁白。

湖　笔

湖笔的产地在浙江吴兴县善琏镇。湖笔选料讲究，工艺精细，品种繁多，粗的有碗口大，细的如绣花针，具有尖、齐、圆、健四大特点。湖笔分羊毫、狼毫、兼毫、紫毫四大类；按大小规格，又可分为大楷、寸楷、中楷、小楷四种。湖笔，又称“湖颖”。颖是指笔锋尖端一段整齐透亮的部分，笔工们称为“黑子”，这是湖笔最大的特点。这种笔蘸黑后，笔锋仍是尖形，把它铺开，内外之毛整齐而无短长。这一带的山羊，每只平均只出三两笔料毛，有锋颖的也只有六钱。一支湖笔，笔头上的每一根具有锋颖的毛都是在无数粗细、长短、软硬、曲直、圆扁不同的羊毛中挑选出来，经过浸、拔、梳、连、合等近百道工序，成笔具有尖圆齐健，毫细出锋，毛纯耐用的优点。

羊驼绒纤维

羊驼主要生长于秘鲁的安第斯山脉。安第斯山脉海拔高达4500米，昼夜温差极大，夜间-20～-18℃，而白天15～18℃，阳光辐射强烈、大气稀薄、寒风凛冽。在这样恶劣的环境下生活的羊驼，其毛发能够抵御极端的温度变化。羊驼毛不仅能够保湿，还能有效地抵御日光辐射，羊驼毛纤维含有显微

羊　驼

镜下可视的髓腔，加之线密度小，因此在其他条件相同的情况下，其织物的保暖性能优于羊毛、羊绒或马海毛织物。

羊驼毛纤维的另一个非常独特的优点，是具有22种天然色泽：从白到黑，及一系列不同深浅的棕色、灰色，它是特种动物纤维中天然色彩最丰富的纤维。在市场上见到的“阿尔巴卡”即是指羊驼毛；而“苏力”则是羊驼毛中的一种，且多指成年羊驼毛，纤维较长，色泽靓丽；常说的“贝贝”为羊驼幼仔毛，相对纤维较细、较软。羊驼毛面料手感光滑，保暖性极佳。

羊　驼

羊驼原产于南美洲的海拔3000～4800米的安第斯山。属骆驼科，无驼峰，有弹性很好的肉趾，耳稍尖长、直立，貌似羊，故称为羊驼。羊驼毛以其质量与色泽独一无二的特点而闻名于世，其韧性为绵羊毛的两倍，无毛脂，杂质少，净绒率达90%。用羊驼毛制成的时装，轻盈柔软，穿着舒适，垂感好，不起皱，不变形，深受欧美、日本消费者的青睐。

每只羊驼一年可产绒毛3～5千克，一年剪毛1次。绒毛售价每千克64～256美元。种羊驼每头身价高达3万美元。目前国际市场对羊驼毛的需求量日益增加。但种羊驼紧缺，主要是原产地限制出口。秘鲁有羊驼300多万只，占全世界总数的约80%，但限制出口。智利每年只允许出口300只。其次是羊驼繁衍较慢，每年母羊只产一只羊羔，且胎胚移植技术未获成功。

牦牛绒纤维

牦牛被称作高原之舟，是生长于中国青藏高原及其毗邻地区高寒草原的特有牛种。牦牛是世界上生活在海拔最高处的哺乳动物。全世界共有1300万头，我国有1200万头，占世界牦牛总数的90%以上。我国牦牛主要分布在海拔3000米以上的西藏、青海、新疆、甘肃、四川、云南等省区。产区地势高峻，地形复杂，气候寒冷潮湿，空气稀薄。年平均气温均在0℃以下，最低温度可达－50℃；年温差和日温差极大。相对湿度55%以上。无霜期90天（5～8月间）。牧草生长低矮，质地较差。内蒙古自治区的贺兰山区以及河北省北部山地草原和北京市西部山地草原也有少量饲养，其中河北和北京地区的牦牛，是近年来从青海、甘肃引种试养进而适应了该地自然生态环境的牦牛品种。

牦　牛

牦牛每年采毛1次，成年牦牛年产毛量为1.17～2.62千克；幼龄牛为1.30～1.35千克，其中粗毛和绒毛各占1/2。牦牛绒很细，直径小于20微米，长度为3.4～4.5厘米，有不规则弯曲，鳞片呈环状紧密抱合，光泽柔和，弹性强，手感滑糯。牦牛绒比普通羊毛更加保暖柔软，被应用于服装生产领域。我们常见的产品有牦牛绒纱、牦牛绒线、牦牛绒衫、牦牛绒裤、牦牛绒面料、牦牛绒大衣等。随着加工工艺和技术的提高，牦牛绒必将被广泛认可，并成为继羊绒之后的又一种高档纺织原料。

牦　牛

牦牛是世界上生活在海拔最高处的哺乳动物。主要产于中国青藏高原海拔 3000 米以上地区。适应高寒生态条件，耐粗、耐劳，善走陡坡险路、雪山沼泽，能游渡江河激流，有“高原之舟”之称。牦牛全身都是宝。藏族人民衣食住行烧耕都离不开它。人们喝牦牛奶，吃牦牛肉，烧牦牛粪。它的毛可做衣服或帐篷，皮是制革的好材料。它既可用于农耕，又可在高原作运输工具。牦牛还有识途的本领，善走险路和沼泽地，并能避开陷阱择路而行，可作旅游者的前导。

无机纤维

WUJI XIANWEI

所谓无机纤维，是以矿物质为原料制成的化学纤维。无机纤维新材料有两大类：一类是无机物和无机化合物纤维，如玻璃纤维、硼纤维、氧化铝纤维、碳化硅纤维等；另一类是金属纤维，如不锈钢纤维、铜合金纤维等。这些纤维均可采用机织、针织、非织造和复合等工艺加工方法，生产具有特定功能，满足国民经济相关产业特定需要的产品，尤其在先进复合材料方面，其重要性日益显示出来。

无机纤维有着有机纤维所没有的优异特性，作为工业用纤维新材料，已经在新材料领域中确立了重要地位。近年来，随着空间技术、新型发动机、新型交通工具等高新产业的兴起，对材料的要求日益提高，要求强度高、重量轻、耐高温，还要与金属、陶瓷及高分子树脂材料有较好的相容性，对产品还有电导、电磁屏蔽等各种要求，随着复合材料的快速发展，无机纤维新材料更引起了人们的关注。

金属纤维

采用特定的方法，将某些金属材料加工成的纤维，统称为金属纤维。金属纤维的性能对应于所采用的金属材料及加工方法（工艺）。在满足类似天然纤维、有机化学纤维的可纺性、可织性或其他某些特殊加工工艺性的同时，它还有天然纤维、有机化学纤维不具备或不易具备的物理、化学性能以及某些特殊功能。例如，导电、导热、光泽、防静电、防射线辐射、防污染等。当然，不同的纤维材料，其性能必有各自不同的特征。金属纤维作为一类新兴的且与现代产业、高科技密切联系的工程用、装饰用、服装用的一类纤维新材料，正处在深度发展之中，20 世纪中后期，欧、美、日、苏联（俄罗斯）等在生产、产品开发及应用方面取得了较好的成效，我国在 20 世纪 80 年代开始也对实用意义大、用途广的产品进行了研制、开发。在铝涤复合丝之后，1983 年研制开发成功不锈钢纤维，30 多年来已取得了显著成效，在湖南、江苏、陕西等地相继建立了纤维生产基地。

金属纤维主要有以下几类：

金属箔和有机纤维复合丝线（纤维）

我国生产的铝涤复合丝线属此类，也是具有代表性的一种，铝具有较好的导热性、导电性、抗氧化性，比重较小，熟铝的延展性好，可制薄膜丝与涤纶丝复合，铝箔丝最初应用于嵌镶装饰或工业方面，在我国有“金银丝”之称。

金属箔胶带

金属化纤维

有机纤维表面镀有镍、铜、钴之类金属物，并用如丙烯酸类等树脂保护膜，日本称金属化纤维。据介绍，经纺织加工成屏蔽布，对高频电磁波的屏蔽率可达 99.99%，当然这里有特定的织物结构设计问题。由于它有导电性，也可用来制作抗静电织物等，但尚存在金属膜的牢度问题，尤其是相应的耐洗涤性能问题。

纯金属纤维

具有本质意义的金属纤维是全部用金属材料制成的纤维，例如用铅、镍、

不锈钢等制成的纤维，是应用开发的基础。

（1）铅纤维

用铅制成的纤维质软而比重大，有着极为广泛的用途。例如用直径150微米的铅纤维加树脂黏合成柔软的片状物体，即所谓铅纤维无纺布，再使正反面复合聚氯乙烯或正面复合聚氯乙烯、反面复合聚酯；也有正面复合聚氯乙烯、反面复合其他材料等数种方法，制成复合基布的厚度在1～1.4厘米之间，每平方米重量约在3.4～3.6千克之间。这种复合材料可用于工地噪声、交通噪声的遮障以及防共振、共鸣现象发生，防放射线辐射侵害等，是有效的隔音、制振、防放射线侵害的材料，而且克服了传统铅板重量大、强度低、施工困难等缺点。

（2）镍纤维

用99.9%的纯镍制成直径为8微米左右的纤维，可供纺织应用。通常为混纺产品的镍纤维含量很少，一般4%～5%即可满足抑菌功能效果，我国湖南、江苏等均有含镍纤维抑菌产品开发，镍纤维可与棉、麻、丝、多种化纤混纺制成各类抑菌产品，如袜、内裤、被套、被单、抹布、手套、领带领结、帽子、病员服、医护人员工作服、口罩、纱布等，对典型病菌的抑菌率可达99.5%以上，黄曲霉芽孢萌发抑制率在87%以上。无锡市开发了镍纤维与罗布麻、棉或其他功能纤维混纺的多功能复合保健纺织品，具有抑菌、防静电、防电磁波辐射侵害，与辅助治疗心血管系统、呼吸系统疾病结合起来，做到了人体调理和人体防护的有机结合。

（3）不锈钢纤维

不锈钢纤维是用不锈钢丝拉丝成的纤维，是世界开发最快、应用最广的金属纤维。不锈钢纤维已进入量产阶段的一些先进国家和地区，如法国、比利时、日本和我国台湾省等，生产的不锈钢纤维最细达到2微米，一般为8～22微米。纺织用的8微米细度的不锈钢金属纤维，比一般的棉花纤维更加柔软。这样微细柔软的不锈钢纤维，具有导电、吸声、过滤、耐切割、耐摩擦、耐腐蚀、耐高温等多方面的功能，而在屏蔽电磁波方面的性能更是无与伦比。

不锈钢纤维在军事、国防、信息、通信方面有极重要的用途。随着人民生活水平的提高，家用电器大量进入寻常百姓家，如电视、电冰箱、洗衣机、日光灯、微波炉、电脑、电风扇、手机、电褥子、电热水器、抽油烟机、吸尘器等，不胜枚举。这些用品在给人们的生活和工作带来极大方便的同时，也带来了一般人所不易觉察的电磁波污染。早在20世纪80年代，不少科学家通过实验或调查后指出，常在电磁波环境下的工作者，其危险性比一般人高2倍。电磁波对人类所造成的伤害，常见的有头痛、神经衰弱、记忆力衰退、食欲不振、手脚麻痹、眼痛、耳鸣、视力模糊、心悸、贫血等。其主要原因是电磁效应使人的细胞改变，电流通过细胞间质，使细胞电位变形。研究证明，在屏蔽电磁波的伤害上，以短纤混纺不锈钢梭织布为最佳。随着不锈钢混纺比率的增加，其屏蔽率亦随之增加，功能也越好。据测试，由1%不锈钢纤维制成的梭织布，在1800兆赫兹环境下的电磁屏蔽率为88.86%，在2450兆赫兹下则有92.33%的屏蔽率；而含3%不锈钢金属纤维的梭织布，在1800兆赫兹下有98.43%的屏蔽率，在2450兆赫兹下有98.49%的屏蔽率；至于混纺5%的不锈钢纤维，其产品均有99%以上的电磁屏蔽率。在抗高频方面，由于分贝值的不同，其屏蔽电磁波的效果亦不同。一般而言，在民用品上，20分贝值的混纺不锈钢纤维，已具有高效的屏蔽电磁波功能。

不锈钢纤维以混纺制作一般服饰和特殊工作服，其应用非常普遍。一般服饰的产品有内衣、衣服衬料、衬垫、裙子、短罩衫、套服、裤子、制服、礼服、校服、职业服装、日式和服等。特殊工装中的防爆服，可适用于石油、煤气、天然气、化学药品、运输、涂料等行业的职工穿用。而传导性工作服则适于电力公司、各行业电工作业。无尘实验工作装适用于半导体、电子、薄膜、照相、光学、精密工业、食品生产、制药、化妆品加工、医疗、电脑室等工作人员。

①全不锈钢纤维纺织品。

a. 不锈钢纤维纱机织物。可用于高温烟气干法净化袋式除尘系统、焦化厂干法熄焦塔高温气体密封；热工传送带、隔热帘、耐热缓冲垫等。

b. 不锈钢纤维微孔过滤毡。采用不同直径的不锈钢纤维，切断后气流成网或类同非织造布成网方法分别成网片（也有单一直径的），分层叠加真空烧结、压实，便成过滤毡。它是一种优越的金属多孔材料，具有优良的过滤、通气、高比表面积和毛细管功能，有耐高温、抗腐蚀、高强度的特点。适用于高温、高黏度和有腐蚀性介质等条件下的过滤。是化纤、石油和液压传动等领域的重要过滤材料。另外，还有纯不锈钢纤维针刺法非织造布，其中又

分为可以中间夹机织布和不夹机织布的两种。

②混纺产品（非军工用）。

a. 防静电过滤布。不锈钢纤维与有机纤维（合纤）复合非织造，即某种合纤机织物为骨架材料，再与不锈钢纤维网片复合，用作抗静电过滤材料。

b. 防静电机织滤尘袋用布。可在合纤中加入一定量的不锈钢纤维，经纺纱、织造成布后有很好的防静电效果，用于易爆易燃作业、粉尘过滤场合。

c. 高压屏蔽服。不锈钢纤维含量很高的混纺机织物，用于≤500千伏交直流带电作业，作变电站巡视服，用以保障500千伏变电站工作人员的安全。与服装配套的还有鞋子、袜子、手套、带子、工具及其他相关联的附属用品。对静电感应屏蔽率的测定方法和测定周期，有些国家已有规定。

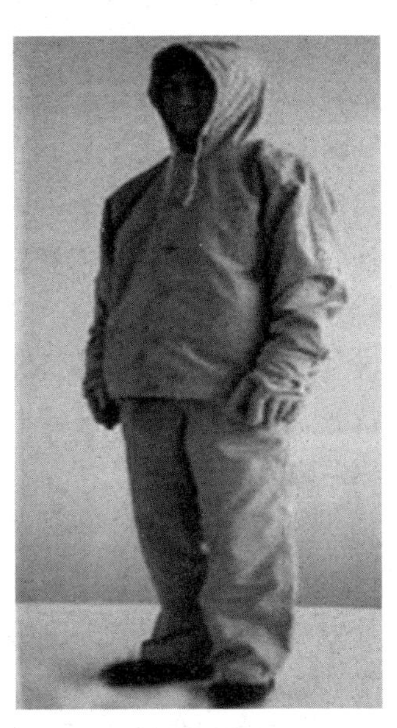

高压屏蔽服

d. 防静电工作服。广泛应用于炼油、有机合成工业、油轮、汽油试验台、火力发电、炸药制造、煤矿等行业，有可靠的防爆、防燃作用；也能在某些场合防止静电干扰导致电脑、电信误动作等自控失效而造成的危害，通常在常规纺织纤维中加入少量不锈钢纤维即可，其防静电性能优于常规的有机导电纤维，可使布中摩擦电荷密度、半衰期数值很小，但尚不能用于“超净”场合。

e. 高频电磁波辐射防护产品。采用较高含量不锈钢纤维混纺织物，能有效防止高频电磁辐射危害，产品规格、要求应按需设计。

③军工产品。

a. 防雷达侦察伪装遮障用基础布（伪装布）。该布是采用高散射吸收衰减原理的一种隐形技术，是不锈钢纤维与某种合纤的混纺产品，布中含有一定量、一定长度分布、合理间距、均匀分散的不锈钢纤维作为对雷达波的散射元，根据侦察雷达频率设计的不锈钢纤维长度及其分布在牵切机上实施而得。有严格的工艺设计和实践调整工作过程，所含不锈钢纤维是较少的，并有规定界限，既保证高散射效果达到军械装备的“隐身”的目的，又不是暴露网片内本身目标，其总体产品称为防雷达侦察伪装遮障，俗称伪装网。它是一种多功能伪装器材，归属武器装备，是现代化战争常用的一类隐形技术，能有效防可见光、中近红外线、紫外线和雷达侦察。另外，随着现代科技、现代军事的不断发展，已出现了能对付多波段雷达侦察的伪装网。

为了达到反雷达侦察，一般可用吸收电磁波的材料或透射电磁波的材料。吸收电磁波的材料是靠雷达电磁波在材料中感生的传导电流、磁滞损耗或介电损耗，使雷达波的电磁能转化为热能而散发掉，以达到衰减雷达波的目的。不锈钢纤维是其中之一，但还不是惟一的材料，还有其他的材料，如铝铁金属粉末、石墨粉、铝箔、炭黑、陶瓷电介质、铁的氧化物等，用具有特殊性能的吸收剂来制作。不锈钢纤维与其他吸波剂结合应用，效果也比较理想。“隐身”技术的另一条重要途径是使用透波材料，如碳纤维、硼纤维、玻璃纤维制品以及有些工程塑料等，它们对雷达波的反射性能接近空气，靠入射雷达波完全透射的原理来减小 RCS 值，对于武器中无需金属部件的军械，可使用透波材料。

b. 雷达目标布。即使其雷达性能有意让侦察雷达发现，而无真实的军事目标的遮障物，可以以假乱真，消耗敌方火力或迷惑敌方。它还可用于航海救生器材，便于寻找失事的目标或需要寻找遗失的目标，其原理是在布中增加不锈钢纤维含量，即增大雷达反射面而无需散射设计。

c. 制造金属纤维弹。其原理是用金属纤维为主装药的弹体爆炸后，会在起爆药的作用下变成很短的纤维或粉尘，它们悬浮在空气中形成烟云气溶胶，潜入坦克或其他战车内部，使车辆内部的诸多绝缘件失效而短路，造成难以正常行驶或不能行驶的局面。

d. 单兵热成像防护服。金属纤维对电、热比较敏感，存在于织物中，使其有防止热成像设备侦视的功能。

（以上所述金属纤维可以是不锈钢纤维）

e. 军用多功能篷盖布。现今使用的多功能篷盖布即具有阻燃、防光学、防红外、防水、耐候、耐腐蚀、防电磁波等多种功能，其中防电磁波功能可以用混入特定设计的不锈钢纤维来求得，但其主体纤维仍然是涤纶、维

纶、锦纶等合成纤维，加入不锈钢纤维的量是很少的，但它的功能由此而发挥。

④其他用途。

a. 增强复合材料。不锈钢纤维与铝合金压铸，作汽车发动机连杆，与传统材料相比，在保持同样强度和刚度的同时，可以减轻重量。

b. 不锈钢纤维粉末可制成“特高精度”过滤材料。其精度可达微米级或亚微米级，用于食品、药品、饮料等行业，还可制成抗静电纸、抗微波的导电塑料、包装电子器件的导电薄膜等。

碳　钢

碳钢也叫碳素钢，指含碳量小于2.11%的铁碳合金。碳钢除含碳外一般还含有少量的硅、锰、硫、磷。一般碳钢中含碳量越高则硬度越大，强度也越高，但塑性较低。

按用途可以把碳钢分为碳素结构钢、碳素工具钢和易切削结构钢三类，碳素结构钢又分为工程构建钢和机器制造结构钢两种；按冶炼方法可分为平炉钢、转炉钢；按脱氧方法可分为沸腾钢、镇静钢、半镇静钢和特殊镇静钢；按含碳量可以把碳钢分为低碳钢，中碳钢和高碳钢；按钢的质量可以把碳素钢分为普通碳素钢（含磷、硫较高）、优质碳素钢（含磷、硫较低）和高级优质钢（含磷、硫更低）和特级优质钢。

玻璃纤维

玻璃纤维是由熔融态玻璃制造的，按其长度可以分为任意延长的连续纤维、棉状的人工矿物纤维2大类。一般所谓的玻璃纤维特指连续纤维。人类发明玻璃纤维的历史久远，古埃及人就曾在石英砂和石灰石的熔浆中快速拉出玻璃细丝，作为装饰陶器的材料。17世纪法国学者试图对玻璃纤维纺织加工，但未成功。早在1864年，格帕瑞就第一个用吹喷法、玻璃拉丝法将高炉渣制成玻璃纤维，此法得到的矿渣棉用作隔热或隔冷材料。但玻璃纤维工业真正形成是在进入20世纪之后，第一次世界大战期间，德国发明机械拉制粗直径玻璃纤维方法，美国欧文斯科宁公司经过10年探索，于1938年首先发明了用铂坩埚连续拉制玻璃纤维和用蒸汽喷吹玻璃棉的工艺，宣告玻璃纤维工业诞生。在此之后，世界各国相继购买它的专利进行生产，使得玻璃纤维工业得到迅速的发展。玻璃纤维最早最重要的应用，应首推在第二次世界大战期间，采用玻璃纤维增强聚酯制成的雷达罩。发展至今，由于其具有许多特殊性能，广泛用于石油、化工、冶金、交通、电器、电子、通信、航天等各个领域。

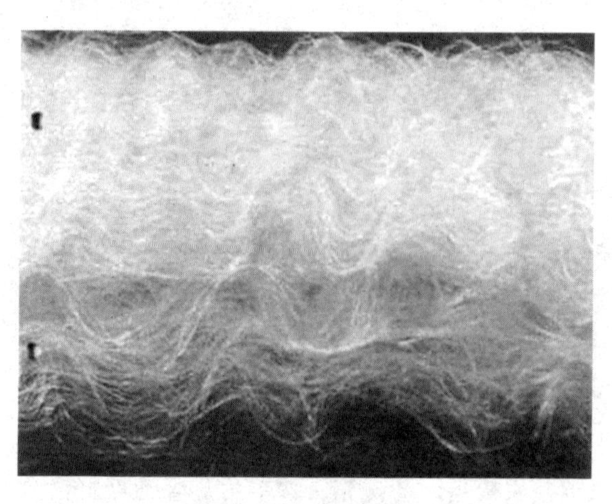
玻璃纤维丝

玻璃纤维是20世纪高速发展的窑炉、机械、化工、纺织等工业技术相互交叉、融合的产物，是20世纪方兴未艾的材料科学的组成部分。20世纪50年代以后，玻璃纤维工业进入高速发展时期。在世界范围内，玻璃纤维工业保持向上的发展趋势。玻璃纤维产量按地区分布，北美（美国和加拿大）占40%以上，欧洲占20%，亚洲占35%，而南美、非洲、澳洲仅占5%。

玻璃纤维的用途广泛，大致可以分为如下几个方面：

（1）复合材料的增强材料

玻璃纤维几乎和不饱和聚酯同时发明，人们发现玻璃纤维可以大幅度地提高聚酯树脂的机械强度，玻纤增强塑料（通常称为玻璃钢）工业随之诞生。第二次世界大战期间，玻璃钢立即用于制造雷达罩、飞机机身、军用盔

玻璃纤维胶带

甲等。迄今为止，玻璃纤维70%以上用于复合材料的增强基材。玻璃钢产品95%以上使用玻璃纤维作为增强基材。因此，玻璃钢工业始终是玻璃纤维发展的主要动力。玻璃钢制品以防腐、轻质、防水、美观，广泛用在化工、石油、汽车、船舶、电气、航天航空等领域。除增强各类塑料外，玻璃纤维还广泛用于增强水泥、石膏、沥青、橡胶等有机和无机材料。

（2）建筑材料

玻璃纤维作为一种新型建筑材料，近年来在建筑领域的应用不断扩大。

（3）过滤材料

玻璃纤维因直径小于其他各类纤维，对液体、气体阻力小，耐腐蚀，耐高温，成为优良过滤材料。

玻璃纤维制品作为过滤材料，特别在高温气体过滤方面占有重要一席。以玻纤机织物、毡（蓬松毡、棉毡、针刺毡等）制成的除尘器，有用于对含不同污染物的烟气过滤的性能，已大量用于炭黑、水泥、冶金工业以及焚烧烟气的除尘净化。玻璃纸、薄毡制成的过滤器，用于净化要求高的气体过滤，如人防工程、防毒面具、车辆的空气过滤和超净化室的空气处理。还可以使过滤兼有杀菌、除异味效果。最近还开发了可用来吸收环境污染物的玻纤织物。

基于化学稳定性好、过滤效率高，玻纤制品也被用于润滑油、重水、饲料乃至血浆等液体的过滤净化。

（4）防水材料

玻纤作为基材的防水材料，具有防水等级高、使用寿命长、节约沥青、施工方便等特点。在美国，玻纤基材占总防水基材的60%以上，所用玻纤占玻纤总量的30%。而我国玻纤毡、布防水基材用量已超1亿平方米/年，但还有很大开发潜力。

（5）绝热材料

玻璃纤维属优质绝热材料，视成分和处理工艺，能耐400℃～1000℃高温，是工业管道、热力设备和建筑绝热主体材料之一。以建筑为例，我国每年在建筑使用方面的能耗约为2.5亿吨标准煤，每平方米建筑面积平均使用能耗为发达国家的4～8倍。我国的可持续发展应十分重视建筑节能，玻璃纤维棉毡、棉板作为建筑围护层的保温绝热材料，效果甚佳。试用表明，我国北方城市建筑墙体加入50厘米厚的此类保温材料，节能效率就近60%。随着建筑节能的推进，市场潜力是巨大的。

（6）吸声材料

吸声是玻璃纤维棉毡的又一特性，它是声学工程中使用的主要吸声材料，适用于室内音质、吸声降噪、隔声罩、声屏障、消声器、消声室、轻薄板墙、固体隔声以及隔振等。在建筑中做吸声吊顶和吸声墙面，有时还和绝热装饰结合，在高速公路、铁路的音屏，地下隧道和交通工具的隔音中也越来越多地被使用。

（7）环境保护材料

除烟气过滤外，玻纤和有机纤维材料结合加工成土工材料，可用于防水土流失；将玻纤喷洒在地上可形成弹性的多孔毡，从而保护刚播种的农田免遭冲刷；玻纤棉毡可作为无土栽培的载体。

玻璃纤维网格布

（8）生物医学功能材料

①玻璃纤维纸，基于其化学稳定性好和无菌性，可用作试剂载体，与专用试剂一起做成试条，用于血液组分检查等；过滤血液时，用于滤除血液中白细胞和固体组成，也用于分离血浆和血清；还可以在一些对人体血液、尿液的检验专用仪器中使用。

②在外科骨科方面，因浸渍专用树脂的玻纤绷带具有延伸性，用作医用绷带固定受伤骨骼，克服了敷石膏的麻烦和副作用；玻纤复合材料人造骨正在积极开发中，一些无毒、不会引起炎性反应又具有生物特性的复合材料，已通过动物试验，证明有理想的生物相容性，与原骨之间的结合强度比不锈钢还高，预期会获得成功应用。

（9）关于高强度玻璃纤维的应用

高强度玻璃纤维（美国称S纤维，法国称R纤维，日本称T纤维，我国也称为S纤维，以前称高强2号或HS 2）与碳纤维、芳纶并驾齐驱，成为当今世界高级复合材料不可缺少的增强材料之一。由于高强度玻璃纤维具有强度高、耐热性好、耐腐蚀性强、电绝缘性能优异特点，已在航空航天、国防

军工、电机电器、高压容器、船舶、体育运动器材、汽车、通信光缆等方面获得广泛应用。

玻璃布

玻璃布是用玻璃纤维织成的织物。玻璃布的织造方法和一般棉织物相同。通常用树脂等制成涂层织物，也可用涂料等制成印花玻璃布。有五种基本的织纹：平纹、斜纹、缎纹、罗纹和席纹。它具有绝缘、绝热、耐腐蚀、不燃烧、耐高温、高强度等性能。我国生产的玻璃布，分为无碱和中碱两类，国外大多数是无碱玻璃布。玻璃布主要用于生产各种电绝缘层压板、印刷线路板、各种车辆车体、贮罐、船艇、模具等。中碱玻璃布主要用于生产涂塑包装布，以及用于耐腐蚀场合。织物的特性由纤维性能、经纬密度、纱线结构和织纹所决定。经纬密度又由纱结构和织纹决定。经纬密加上纱结构，就决定了织物的物理性质，如重量、厚度和断裂强度等。

碳纤维

碳纤维，顾名思义，它不仅具有碳材料的固有本征特性，又兼具纺织纤维的柔软可加工性，是新一代增强纤维。

碳纤维是含碳量高于90%的无机高分子纤维。其中含碳量高于99%的称石墨纤维。它具有优异的力学性能（其复合材料的比模量比钢和铝合金高5倍，比强度高3倍）、耐热性（在2000℃以上的高温惰性气体环境中，碳纤维是惟一强度不下降的材料），还有低密度、化学稳定性、电热传导性、低热膨胀性、耐摩擦、耐磨损性低、X射线透射性、电磁波遮蔽性、身体亲和性等优良特性。

碳纤维可分别用聚丙烯腈纤维、沥青纤维、黏胶丝或酚醛纤维经碳化制得；按状态分为长丝、短纤维和短切纤维；按力学性能分为通用型和高性能型。

碳纤维是无机纤维中最重要的门类之一。碳纤维的研究最早可追溯到1880年爱迪生的早期工作，他将人造丝和赛璐璐纤维热处理后用作白炽灯的灯丝，而后来柔性钨丝的发现及广泛应用阻碍了对此的进一步研究，直至20世纪50年代为制造火箭和导弹，对耐高温增强纤维提出了高要求。1959年，美国开始碳化黏胶长丝材料，60年代初，除黏胶长丝和赛璐璐外，又成功地研制出2种原材料可用作生产碳纤维，即PAN（聚丙烯腈）和沥青。随着国民经济发展的需要，现在碳纤维已成为高性能纤维中的主要品种。

碳纤维可加工成织物、毡、席、带、纸及其他材料。碳纤维除用作绝热保温材料外，一般不单独使用，多作为增强材料加入到树脂、金属、陶瓷、混凝土等材料中，构成复合材料。碳纤维增强的复合材料可用作飞机结构材料、电磁屏蔽除电材料、人工韧带等身体代用材料以及用于制造火箭外壳、机动船、工业机器人、汽车板簧和驱动轴等。

我国碳纤维复合材料的研制开始于20世纪70年代中期，经过近40年的发展，已取得了长足进展，在航天主导产品（导弹、火箭、卫星、飞船）上得到了广泛应用。近年来，我国体育休闲用品及压力容器等领域对碳纤维的需求迅速增长，航空航天技术的快速发展急需高性能碳纤维及其复合材料等，市场需求更加旺盛。

随着近年来我国对碳纤维的需求量日益增长，碳纤维已被列为国家化纤行业重点扶持的新产品，成为国内新材料行业研发的热点。

尽管我国碳纤维生产发展缓慢，而消费量却一直在逐渐增加。主要用途包括体育器材、一般工业和航空航天等，其中体育休闲用品的使用量最大，占消费量的约80%~90%。我国碳纤维的需求量已超过3000吨/年，2010年已突破5000吨/年。主要应用领域为：成熟市场有航空航天及国防领域（飞机、火箭、导弹、卫星、雷达等）和体育休闲用品（高尔夫球杆、渔具、网球拍、羽毛球拍、箭杆、自行车、赛艇等）；新兴市场有增强塑料、压力容器、建筑加固、风力发电、摩擦材料、钻井平台等；待开发市场有汽车、医疗器械、新能源等。

为了满足国内市场对碳纤维不断增长的需求，应尽快实现我国碳纤维工业的国产化和规模化。为此，必须加快技术创新，掌握核心技术；加速原丝技术开发，研制高纯度原丝；强化应用研究和市场开发，进一步扩大应用领

域。碳纤维在我国大有发展前途，但应总结涤纶等化纤发展的经验教训，避免盲目发展，实现健康发展。

为了大型飞机的制造和航空航天事业的发展，我国还必须尽快地实现高强中模型碳纤维的产业化。但是，因为高性能碳纤维是发展航空航天等尖端技术必不可少的材料，长期受到以美国为首的巴黎统筹委员会的封锁。虽然“巴统”在1994年3月解散了，但禁运的阴影仍然存在。即使对我国解除了禁运，开始也只能是通用级碳纤维，而不会向我们出售高性能碳纤维技术和设备。因此，发展高性能碳纤维必须要靠我们自己。我国化学纤维工业“十一五”发展规划中提出了“从以增加数量为主转向大力发展高新技术纤维”，特别是把事关国家产业安全的高新技术纤维材料作为重中之重，而且碳纤维被列为首位。高性能碳纤维是国家迫切需要短期内突破的高新技术纤维品种，这正为我国碳纤维的发展创造了条件，我们要抓住这一机遇，自力更生、努力创新，发展具有自己知识产权的碳纤维，以满足不断增长的市场需求。国家“863计划”以及有关部委都在关心我国碳纤维工业的发展及其产业化步伐，并给予强有力的支持，许多材料专家也扎扎实实地做了许多工作。“十一五”期间，我国又启动了相关“973计划”。相信“十二五”将是我国碳纤维工业产业化的黄金时代。

碳纤维笔记本

综观多种新兴的复合材料（如高分子复合材料、金属基复合材料、陶瓷基复合材料）的优异性能，不少人预料，人类在材料应用上正从钢铁时代进入到一个复合材料广泛应用的时代。

碳纤维浴霸

碳纤维浴霸突破传统取暖设备的单一性功能，避免了传统浴霸在取暖效果、照明效果、能耗、安全等方面都存在一些不尽如人意的地方。它将航天顶尖科技材料碳纤维应用于取暖领域，经过高科技处理，使其远红外发热效率高达98%，比传统浴霸节能30%，这是风暖PTC、灯泡、卤素管和普通碳纤维等发热体所无法比拟的。由于碳纤维内部组成和分布得到充分的优化，其释放的远红外线层次也丰富，从而使暖疗、取暖、杀菌功能在远红外的不同波段更加充分地得到实现。所以，该技术研发出的具有高效暖疗功能的碳纤维浴霸，在取暖、环保、寿命、安全、保健、节能等六大标准上实现了革命性的突破。

陶瓷纤维

陶瓷纤维是一种纤维状轻质耐火材料，最重要的特性是高比强度、比模量，很低的导热率和非常好的耐热性，是碳纤维和有机纤维无法比拟的。陶瓷纤维具有与陶瓷、金属及高分子材料的相容性好等优点。

陶瓷纤维的生产工艺，分为甩丝毯、喷吹毯2种。从陶瓷纤维生产历史上来看，最早诞生的是喷丝毯生产工艺，但单线的生产能力较低，年产一般为1000~1500吨。随着生产效率提高的要求与生产工艺的不断探索与研究，最终发明了更先进的甩丝毯生产工艺，甩丝毯生产工艺的单条生产线的生产能力能为喷丝毯工艺的2~4倍。以英国摩根热陶瓷公司在上海的甩丝毯生产线为例，单线年产量近6000吨；甩丝毯生产工艺已被绝大多数行业生产巨头与客户接受，所以现在中国几乎所有新建陶瓷纤维生产线都选用甩丝毯工艺法。

当然，喷丝纤维生产工艺也有其独特的应用，如果需要将纤维打碎后做成二次加工品（如制作真空成型品等），喷丝纤维因纤维较细而更容易与其他原料充分混合，所以也较受欢迎。所以，甩丝毯与喷丝毯工艺各有所长，要

根据实际应用取其长而避其短，以期达到最佳的效果。

陶瓷在机械、冶金、化工、石油、陶瓷、玻璃、电子等行业都得到了广泛的应用。随着全球能源价格的不断上涨，节能已成为各国国家战略的背景下，比隔热砖与浇筑料等传统耐材节能达10% ~30%的陶瓷纤维在中国国内得到了更多更广的应用，发展前景十分看好。

陶瓷纤维的主要用途表现在以下几个方面：

①各种隔热工业窑炉的炉门密封、炉口幕帘。

②高温烟道、风管的衬套、膨胀的接头。

③石油化工设备、容器、管道的高温隔热、保温。

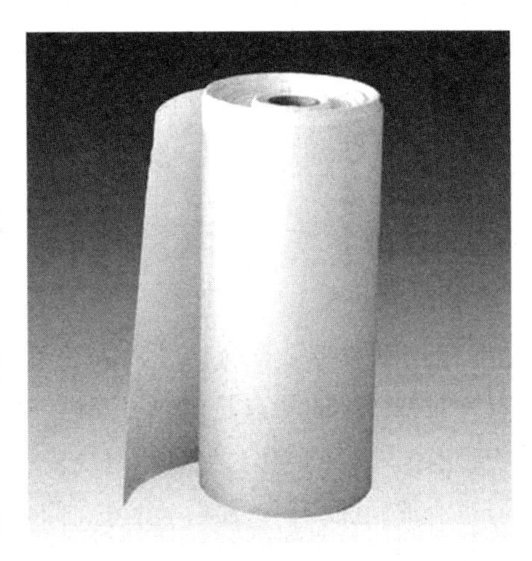

陶瓷纤维纸

④高温环境下的防护衣、手套、头套、头盔、靴等。

⑤汽车发动机的隔热罩、重油发动机排气管的包裹、高速赛车的复合制动摩擦衬垫。

⑥输送高温液体、气体的泵、压缩机和阀门用的密封填料、垫片。

⑦高温电器绝缘。

⑧防火门、防火帘、灭火毯、接火花用垫子和隔热覆盖等防火缝制品。

⑨航天、航空工业用的隔热、保温材料，制动摩擦衬垫。

⑩深冷设备、容器、管道的隔热、包裹。

⑪高档写字楼中的档案库、金库、保险柜等重要场所的绝热、防火隔层，消防自动防火帘。

就未来的发展前景来看，中国的陶瓷纤维生产总量还会提高，新的生产线仍以甩丝生产工艺为主。相对而言，喷丝毯的生产规模与市场占有率将逐步减小，喷丝毯生产工艺较适合于生产规模较小的企业，特别是早期投入资金较小的企业。甩丝生产工艺在中国的市场竞争，也将越来越激烈了，这对消费者而言肯定是件好事。这对中国热能应用相关产业的发展，特别是对工业生产过程中的节能降耗而言，也肯定是件大好事。

陶瓷纤维板

陶瓷纤维板采用对应的硅酸铝纤维棉做原料，用真空成型或干制法工艺经干燥和机加工精制而成。它除具有对应散状硅酸铝纤维棉优良性能外，产品质地坚硬，韧性和强度优良，具有优良的抗风蚀能力。加热不膨胀、质轻、施工方便，可任意剪切弯曲，是窑炉、管道及其他保温设备的理想节能材料。值得一提的是陶瓷纤维板因其热传导性能差，采取传统热风干燥其耗时很长，并且能耗过大，干燥均匀性较差，而采取微波干燥技术则绕开了其传热性能差的问题，提高了生产效率，符合现代工业生产高效节能环保的要求。

石棉纤维

石棉纤维是指蛇纹岩及角闪石系的无机矿物纤维，基本成分是水合硅酸镁。石棉纤维的特点是耐热、不燃、耐水、耐酸、耐化学腐蚀。石棉纤维的类型有 30 余种，但工业上使用最多的有 3 种，即温石棉、青石棉、铁石棉。石棉有致癌性，在石棉粉尘严重的环境中有感染癌型间皮瘤和肺癌的可能性，因此，在操作时应注意防护。用作胶黏剂黏结时耐高温和阻燃增强填充剂。

石棉是天然纤维状的硅质矿物的泛称，是一种被广泛应用于建材防火板的硅酸盐类矿物纤维，也是惟一的天然矿物纤维。由岩石受动力变质条件产生。

石棉的应用已有数千年的历史。我国早在春秋战国时代列子书中就有记载："火浣之布，浣之必投于火，布则火色垢则布色。出火而振之，皓然疑乎雪。" 说明那时我国劳动人民就用石棉织布，用于防火。

经过几千年人类科学技术的发展，作为工业原料或材料的石棉，其应用就更加广泛和重要了。石棉制品或含有石棉的制品现有近 3000 种，为 20 多个工业部门所应用。其中较为重要的是汽车、拖拉机、化工、电器设备等制造部门。主要利用较高品级的石棉纤维织成纱、线、绳、布、盘根等，作为传动、保温、隔热、绝缘等部件的材料或衬料，在建筑工业上广泛应用中低

品级的石棉纤维，主要用来制成石棉板、石棉纸防火板、保温管和窑垫，以及保温、防热、绝缘、隔音等材料。石棉纤维可与水泥混合制成石棉水泥瓦、板、屋顶板、石棉管等石棉水泥制品，代替大量钢材广泛用于各种建筑工程。石棉和沥青掺和可以制成石棉沥青制品，如石棉沥青板、布（油毡）、纸、砖以及液态的石棉漆、嵌填水泥路面及膨胀裂缝用的油灰等，作为高级建筑物的防水、保温、绝缘、耐酸碱的材料和交通运输工程必不可少的材料。国防工业上石棉与酚醛、聚丙烯等塑料黏合，可以制成火箭抗烧蚀材料、飞机机翼、油箱、火箭尾部喷嘴管以及鱼雷高速发射器，大小船舶、汽车车身以及飞机、坦克、舰舶中的隔音、隔热材料。石棉与各种橡胶混合压模后，还可做成液体火箭发动机连接件的密封材料。石棉与酚醛树脂层压板，可做导弹头部的防热材料。蓝石棉还可作防化学、防核辐射的衬板、隔板或者过滤器及耐酸盘根、橡胶板等。现根据制品的制造工艺及用途不同，将石棉制品划分为 8 大类。

石棉水泥制品

这一类制品的种类繁多，常见的如石棉水泥管、石棉水泥瓦、石棉水泥板和各种石棉复合板等。这类制品的石棉用量占石棉总消耗量的 75% 以上，它们的共同特点是：

（1）比密度和容重都较小。比密度平均为 2.75，容重为 1600～2200 千克/立方米，是很好的轻质材料。

（2）导热性低。导热系数为 0.198～0.244 瓦，因敷设石棉水泥管的深度可以比敷设铸铁管浅得多，故可大量节省基建投资。

石棉水泥制品

（3）导电率低。石棉水泥管埋在地下不会腐蚀，其寿命比铸铁管长，机

械强度高，能承受较大压力，是一种较好的电绝缘材料。

(4) 容易切削加工。用钉子也能很好地将石棉水泥制品凿通，这点与木材性质相似。

(5) 化学性质稳定。石棉水泥管虽不耐酸，但在矿物水中比混凝土管耐久。

石棉水泥管可用于煤气管、下水管、烟道、油管、通风管、井管及地下电缆保护管，可节省大量钢材，延长使用寿命，节约电力等。

石棉水泥瓦适应于防火条件要求比较高的厂房、仓库等建筑物，具有成本低，屋面轻，施工方便、快捷等优点。随着涂料工业的发展，各种彩色石棉瓦、彩色石棉板等将为建筑行业提供更优质的材料。

石棉板用于建筑物的隔热、隔音墙板等。生产石棉水泥制品一般选用硬结构的针状棉，级别要求不是很高，4～5 级石棉即可满足使用要求。

石棉纺织制品

石棉纤维质地柔软，机械强度高，可纺织成各种规格的石棉纱，而后捻线、搓绳、织布、织带，再制成各种制品。

但是石棉纤维的表面平直光滑，不易纺成纱，因此需掺和一定数量的植物纤维（如棉花等）混合纺织。不过这类纤维也不能掺得太多，以免影响制品性能。近年来发展起来的无尘湿式纺纱，采用纯石棉。

石棉纱纺制品一般都用温石棉制造，防酸制品则用青石棉。所用石棉的等级一般为块棉及长纤维。

主要的石棉纺织制品有石棉布、石棉绳。石棉布的主要用途，除了制造各种耐热、防腐、耐酸碱等材料外，还利用它做化工过滤材料及电解工业电解槽上的隔膜材料以及锅炉、气包、机件的保温隔热材料，在特殊场合用它做防火幕。在冶金厂、玻璃厂、煤炭厂、化工厂等都需要用石棉布做成石棉衣、石棉手套、石棉靴等劳保用品，防止高温火花及有毒液体对人的损害。

石棉保温隔热制品

在一般蒸汽锅炉的外壁和蒸汽导管中的热能，因辐射和传导作用，在输送过程中热能损失很大，蒸汽热效率降低很多。因此在锅炉外壁和导管

上常用石棉制作保温层，这种保温层能提高锅炉的热效率，降低热能损耗。此外，由于对蒸汽设备隔热，降低了车间的温度，改善了劳动条件。对于石油精炼等易燃、易爆部门亦可减少事故。冷藏设备采用石棉隔热，可以提高冷藏效果。用于车、船等交通工具的锅炉室隔热，将不致提高车厢或船舱的温度。

为了充分利用短纤维石棉和低质量石棉以降低成本，把石棉和其他材料配合制成以下保温材料用于有关设备中。如碳酸镁石棉粉、硅藻土石棉泥、碳酸钙石棉粉、陶土石棉粉等都是比较廉价的石棉保温材料。近年来，国内又开发出了一种比较高级的石棉保温材料——泡沫石棉，该产品导热系数低、保温性能好、节能效果显著，而且装卸方便，正在全国迅速推广。

石棉橡胶制品

石棉橡胶制品主要用于各种设备的密封、衬垫，主要品种包括油浸石棉盘根、油浸石棉石墨盘根、其他石棉盘根、石棉橡胶板、耐油板等。生产量最大的是普通石棉橡胶板（高、中、低压）及耐油板。

石棉制动（传动）制品

石棉传动和制动制品是任何传动机械和现代交通工具所不可缺少的，这是因为石棉有较高的机械强度和耐热性，有良好的摩擦性能。

石棉橡胶制品

（1）制动产品：有制动带、制动片（或叫刹车带、刹车片）。国产刹车带现有3种类型：①石棉编制刹车带，分树脂和油浸2种，多用于矿山机械和拖拉机；②橡胶石棉布刹车带，多用于城市汽车制动；③石棉纤维橡胶刹车带，多用于轻型机械的制动。

国产刹车片主要用石棉为增强材料，以酚醛树脂为黏合剂，以填料为摩擦性能调节剂，经膜塑而制成的三元复合材料，主要用于载重汽车的制动刹车。另外，还有人工合成的火车闸瓦、钻机闸瓦等，也属于制动产品。

（2）传动制品：主要用于各种机动车辆和工程机械的动力传动。主要品种为各种规格的离合器片、阻尼片等。石棉离合器的主要成分与刹车片相近。石棉制动材料对石棉的要求不很高，只要石棉纤维充分松解，5、6 级石棉已能满足制品性能要求。

合成纤维

HECHENG XIANWEI

合成纤维是化学纤维的一种，是用合成高分子化合物做原料而制得的化学纤维的统称。合成纤维是将人工合成的、具有适宜分子量并具有可溶性的线型聚合物，经纺丝成型和后处理而制得。它以小分子的有机化合物为原料，经加聚反应或缩聚反应合成的线型有机高分子化合物，如聚丙烯腈、聚酯、聚酰胺等。与天然纤维和人造纤维相比，合成纤维的原料是由人工合成方法制得的，生产不受自然条件的限制。合成纤维除了具有化学纤维的一般优越性能，如强度高、质轻、易洗快干、弹性好、不怕霉蛀等外，不同品种的合成纤维各具有某些独特性能。

合成纤维包括锦纶、涤纶、腈纶、丙纶、氯纶、维纶等。锦纶是在20世纪20年代人工合成的，1938年美国杜邦公司投入生产，开启了合成纤维的先声。1934年发明了被列为20世纪影响人类生活的20大发明之一的涤纶纤维。40年代开发的腈纶纤维在50年代实现产业化。这三个大品种合成纤维的产业化，使合成纤维作为三大高分子合成材料之一，在20世纪中叶有了飞跃的发展，到70年代后期已追上了棉的产量。

锦纶纤维

锦纶是合成纤维 nylon 的中国名称，翻译名称又叫“耐纶”、“尼龙”，学名为聚酰胺纤维。由于锦州化纤厂是我国首家合成聚酰胺纤维的工厂，因此把它定名为“锦纶”。它是世界上最早的合成纤维品种，由于性能优良，原料资源丰富，一直被广泛使用。

锦纶纤维丝

纤维性能

（1）力学性质：锦纶的强力高、伸长能力强，锦纶 6 的断裂强度在 38～84cN/tex，伸长率在 16%～60%。锦纶 66 的断裂强度在 31～84cN/tex，伸长率在 16%～70%且弹性很好，特别是锦纶的耐磨性是常见纤维中最好的。但锦纶纤维初始模量较低，小负荷下易产生变形，锦纶 6 的初始模量为 70～400cN/tex，锦纶 66 为 44～51cN/tex。因此，织物的手感柔软，织物的保形性和织物的硬挺性很差。

（2）纤维密度：锦纶的密度小于涤纶纤维，在 1.14 克/立方厘米左右。

（3）吸湿性：锦纶中含有酰胺键，故吸湿为合成纤维中较好的，在通常大气条件下回潮率在 4.5%左右。锦纶 4 的回潮率可达 7%左右。

（4）染色性：锦纶的染色性较好，色谱较全。

（5）化学稳定性：锦纶的耐碱性较好，但耐酸性较差，特别是对无机酸的抵抗力很差。

（6）热学性质：由于锦纶的大分子柔顺性很好，其耐热性差。随温度的升高强力下降，锦纶 6 的安全使用温度为 93℃以下，锦纶 66 的安全使用温度为 130℃以下，该纤维遇火易产生熔孔。

（7）电学性质：锦纶的比电阻较高，但有一定的吸湿能力，从而使其静电现象不十分突出。

（8）光学性质：锦纶的耐光性差。在长期的光照下强度降低，色泽发黄。

主要用途及使用性能

锦纶面料以其优异的耐磨性著称，它不仅是羽绒服、登山服衣料的最佳选择，而且常与其他纤维混纺或交织，以提高织物的强度和坚牢度。

锦纶纤维面料可分为纯纺、混纺和交织物3大类，每一大类中包含许多品种，下面简要进行介绍。

（1）锦纶纯纺织物：以锦纶丝为原料织成的各种织物，如锦纶塔夫绸、锦纶绉等。因用锦纶长丝织成，故有手感滑爽、坚牢耐用、价格适中的特点，也存在织物易皱且不易恢复的缺点。锦纶塔夫绸多用于做轻便服装、羽绒服或雨衣布，而锦纶绉则适合做夏季衣裙、春秋两用衫等。

（2）锦纶混纺及交织物：采用锦纶长丝或短纤维与其他纤维进行混纺或交织而获得的织物，兼具每种纤维的特点和长处。如黏/锦华达呢，采用15%的锦纶与85%的黏胶混纺成纱制得，具有经密比纬密大1倍，质地厚实，坚韧耐穿的特点；缺点是弹性差，易折皱，湿强下降，穿时易下垂。此外，还有黏/锦凡立丁、黏/锦/毛花呢等品种，都是一些常用面料。

锦纶的应用领域仅次于涤纶，其产品以长丝为主，主要用于制作袜子、围巾、长丝织物、刷子的丝及织制地毯等；用于工业的可织制轮胎帘子线、绳索、渔网等；国防上主要用于织制降落伞等。

低温染色

锦纶纤维由于具有良好的强度和韧性，优良的耐磨性和回弹性，因此广泛用作袜子、弹力衫等的材料，但是锦纶经过高温染色，尤其是筒子纱染色后，锦纶高弹性纱的弹性会显著下降。为了避免锦纶高温染色时弹力的损失，相关工作人员创造出锦纶高弹纱稀土低温染色新工艺，确定了先中性、后酸性浴的一浴二步法低温染色新工艺。结果表明，该工艺的染色效果达到或者超过了传统95度左右的染色的效果，从而保证了锦纶高弹纱的弹性，同时有利于节能和减少纤维损伤。

涤纶纤维

涤纶为聚酯类纤维中用途最广、产量最高的一种。大量用于制造衣着面料和工业制品。涤纶具有极优良的定型性能。涤纶纱线或织物经过定型后生成的平挺、蓬松形态或褶裥等，在使用中经多次洗涤，仍能经久不变。其化学名称为聚对苯二甲酸乙二酯纤维。它是由对苯二甲酸或对苯二甲酸二甲酯与乙二醇经缩聚反应得到聚对苯二甲酸乙二酯高聚物，经纺丝加工制得的纤维。根据实际需要涤纶可加工成短纤维和长丝。短纤维根据需要又加工成高强低伸型（棉型）、中强中伸型（中长型）和低强高伸型（毛型）。长丝根据其后加工的不同，加工成预取向丝、拉伸变形丝、全拉伸丝、拉伸加捻丝等。

纤维性能

（1）力学性质：涤纶的拉伸断裂强力和拉伸断裂伸长率都比棉纤维高，普通型涤纶强度在 35.2 ~52.8cN/tex，伸长率在 30% ~40%。但因纤维在加工过程中的牵伸倍数不同，可将纤维加工成高强低伸型、中强中伸性和低强高伸型等。涤纶初始模量很高，即在小负荷作用下抗变形能力很强，在常见纤维中仅次于麻纤维。涤纶的弹性优良，在 10% 定伸长时的弹性恢复率可达 90% 以上，仅次于锦纶。因此，织物的尺寸稳定性较好，织物挺括抗皱。涤纶的耐磨性仅次于耐磨性最好的锦纶。但织物易起毛起球，且不易脱落。

（2）纤维密度：涤纶的密度小于棉纤维而高于毛纤维，在 1.39 克/立方厘米左右。

（3）吸湿性：涤纶无吸湿基团，故吸湿能力很差，在通常大气条件下其回潮率仅为 0.4% 左右。

（4）染色性：涤纶的染色性较差，染料分子难于进入纤维内部，一般染料在常温条件下很难上染。因此，多采用分散染料进行高温高压染色。

（5）化学稳定性：涤纶的耐碱性较差，仅对于弱碱有一定的耐久性，但对于酸的稳定性较好，特别是对有机酸有一定的耐久性。在 100℃ 于 5% 的盐酸溶液中浸泡 24 小时，或在 70% 的硫酸溶液中浸泡 72 小时后，其强度几乎不损失。

（6）热学性质：涤纶有很好的耐热性和热稳定性。在150℃左右处理1000小时，其色泽稍有变化，强力损失不超过50%。但涤纶遇火易产生熔孔。

（7）电学性质：因涤纶的吸湿能力很差，比电阻很高，导电能力极差，易产生静电，对纺织工艺加工带来了不利的影响。同时，由于静电电荷积累，易吸附灰尘。但可以利用其电阻高的特性，加工成优良的绝缘材料。

（8）光学性质：涤纶有较好的耐光性，其耐光性仅次于腈纶。

主要用途及使用性能

涤纶投入生产较迟，但由于纤维有许多优良的性能，无论在服装、装饰还是其他产业领域的应用十分广泛。其短纤维可与棉、毛、丝、麻和其他化学纤维混纺，加工不同性能的纺织制品，用于服装、装饰及各种不同的领域。涤纶长丝，特别是变形丝可用于针织、机织制成各种不同的仿真型内外衣。涤纶长丝也因其具有良好物理化学性能，广泛用于轮胎帘子线、工业绳索、传动带、滤布、绝缘材料、帆布、帐篷等工业制品。随着新技术新工艺的不断应用，对涤纶进行了改性制得了抗静电、抗起毛起球、阳离子可染等涤纶。涤纶以其发展速度快，产量高，应用广泛，被喻为化学纤维之冠。

涤纶纤维面料的种类较多，除织制纯涤纶织品外，还有许多和各种纺织纤维混纺或交织的产品，弥补了纯涤纶织物的不足，发挥出更好的服用性能。涤纶织物而今正向着仿毛、仿丝、仿麻、仿鹿皮等合成纤维天然化的方向发展。

涤纶仿真丝织物

（1）涤纶仿真丝织物：由圆形、异形截面的涤纶长丝或短纤维纱线织成的具有真丝外观风格的涤纶面料，具有价格低廉、抗皱免烫等优点，颇受消费者欢迎。常见品种有：涤丝绸、涤丝绉、涤丝缎、涤纶乔其纱、涤纶交织绸等。这些品种具有丝绸织物的飘逸悬垂、滑爽、柔软、赏心悦目，同时，又兼具涤纶面料的挺括、耐磨、易洗、免烫，美中不足的是这类织物吸湿透气性差，穿着不太凉爽，为了克服这一缺点，现已有更多的新型涤纶面料问世，如高吸湿涤纶面料便是其中的一种。

(2) 涤纶仿毛织物：由涤纶长丝如涤纶加弹丝、涤纶网络丝或各种异形截面涤纶丝为原料，或用中长型涤纶短纤维与中长型黏胶或中长型腈纶混纺成纱后织成的具有呢绒风格的织物，分别称为精纺仿毛织物和中长仿毛织物，其价格低于同类毛织物产品。既具有呢绒的手感丰满膨松、弹性好的特性，又具备涤纶坚牢耐用、易洗快干、平整挺括、不易变形、不易起毛、起球等特点。常见品种有涤弹哔叽、涤弹华达呢、涤弹条花呢、涤纶网络丝纺毛织物、涤黏中长花呢、涤腈隐条呢等。

(3) 涤纶仿麻织物：这是国际服装市场受欢迎的衣料之一，采用涤纶或涤/黏强捻纱织成平纹或凸条组织织物，具有麻织物的干爽手感和外观风格。如薄型的仿麻摩力克，不仅外观粗犷、手感干爽，且穿着舒适、凉爽，因此，很适宜夏季衬衫、裙衣的制作。

(4) 涤纶仿鹿皮织物：是新型涤纶面料之一，以细旦或超细旦涤纶纤维为原料，经特殊整理加工在织物基布上形成细密短绒毛的涤纶绒面织物，称为仿鹿皮织物，一般以非织造布、机织布、针织布为基布。具有质地柔软、绒毛细密丰满有弹性、手感丰润、坚牢耐用的风格特征。常见的有人造高级鹿皮、人造优质鹿皮和人造普通鹿皮3种。适合做女衣、高级礼服、夹克衫、西服上装等。

涤纶仿鹿皮包

涤纶电容

用两片金属箔做电极，夹在极薄绝缘介质中，卷成圆柱形或者扁柱形芯子，介质是涤纶。涤纶薄膜电容，介电常数较高，体积小，容量大，稳定性较好，适宜做旁路电容。薄膜电容的精度、损耗角、绝缘电阻、温度特性、可靠性及适应环境等指标都优于电解电容和瓷片电容。其缺点是容量体积比大于以上两种电容。它在各种直流或中低频脉动电路中使用，适宜作为旁路电容使用。

腈纶纤维

腈纶是聚丙烯腈纤维在我国的商品名，国外则称为“奥纶”、“开司米纶”。通常是指用85%以上的丙烯腈与第二和第三单体的共聚物，经湿法纺丝或干法纺丝制得的合成纤维。丙烯腈含量在35%～85%之间的共聚物纺丝制得的纤维称为改性聚丙烯腈纤维。

纤维性能

（1）力学性质：腈纶的强度较涤纶、锦纶低。断裂伸长与涤纶、锦纶相近。其强度一般在25～40cN/tex，断裂伸长率在25%～50%。弹性较差，在重复拉伸下，弹性恢复较差，尺寸稳定性较差。耐磨性为常见化学纤维中较差的一种纤维。

（2）纤维密度：腈纶的密度与锦纶相接近，在1.14～1.17克/立方厘米。

（3）吸湿性：腈纶的吸湿能力较涤纶好，但较锦纶差，在通常大气条件下回潮率为2%左右。

（4）染色性：由于空穴结构和第二、第三单体的引入使纤维的染色性能较好，且色泽鲜艳。

（5）化学稳定性：腈纶有较好的化学稳定性，但对于浓硫酸、浓硝酸、浓磷酸等会使其溶解。在冷浓碱、热稀碱中会使其变黄，热浓碱能立即使其破坏。

（6）热学性质：腈纶的耐热性仅次于涤纶，比锦纶好。它具有良好的热弹性，可加工膨体纱。

（7）电学性质：腈纶的比电阻较高，较易产生静电。

（8）光学性质：腈纶大分子中含有—CN，使其耐光性与耐气候性特别好，是常见纤维中耐光性能最好的，腈纶经日晒1000小时，强度损失不超过20%，因此特别适合于制作篷布、炮衣、窗帘等户外用织物。

主要用途及使用性能

腈纶蓬松、柔软，且外观酷似羊毛，从而有合成羊毛之美称。故常制成短纤维与羊毛、棉或其他化学纤维混纺，织制毛型织物或纺成绒线，还可以制成毛毯、人造毛皮、絮制品等。利用腈纶的热弹性可制成膨体纱。

腈纶面料的种类很多，有腈纶纯纺织物，也有腈纶混纺和交织织物，主要品种如下：

（1）腈纶纯纺织物：采用100%的腈纶纤维制成。如用100%毛型腈纶纤维加工的精纺腈纶女式呢，具有松结构特征，其色泽艳丽，手感柔软有弹性，质地不松不烂，适合制作中低档女用服装。而采用100%的腈纶膨体纱为原料，可制得平纹或斜纹组织的腈纶膨体大衣呢，具有手感丰满、保暖轻松的毛型织物特征，适合制作春秋冬季大衣、便服等。

腈纶毛毯

（2）腈纶混纺织物：指以毛型或中长型腈纶与黏胶或涤纶混纺的织物。包括腈/黏华达呢、腈/黏女式呢、腈/涤花呢等。腈/黏华达呢，又称东方呢，以腈纶、黏胶各占50%的比例混纺而成，具有厚实紧密，结实耐用，呢面光滑、柔软、似毛华达呢的风格，但弹性较差，易起皱，适合制作低廉的裤子。腈/黏女式呢是以85%的腈纶和15%的黏胶混纺而成，多以绉组织织造，呢面微起毛，色泽鲜艳，轻薄，耐用性好，回弹力差，适宜做外衣。腈/涤花呢是以腈、涤各占40%和60%混纺而成，因多以平纹、斜纹组织加工，故具有外观平挺，坚牢免烫的特点，其缺点是舒适性较差，因此多用作外衣、西服套装等中档服装的制作。

维纶

维纶是采用醋酸乙烯醇解的方法制得的聚乙烯醇纤维。由于聚乙烯醇大分子易发生水解，因此维纶常指将纤维中的部分羟基进行缩甲醛，以降低其

亲水和水解能力。维纶采用溶液纺丝，形态结构与腈纶相似。维纶外形酷似棉纤维，故有合成棉之美称。

维纶有较好的耐碱性，且对一般的有机溶剂有较好的抵抗能力，但不耐强酸。维纶吸湿能力较强，比电阻较小，抗静电能力较好。维纶的耐光、抗老化性较天然纤维好，但较涤纶、腈纶差。维纶主要以短纤维为主，常与棉纤维进行混纺。由于纤维性能的限制，一般只制作低档的民用织物。

丙纶纤维

丙纶纤维指用石油精炼的副产物丙烯为原料制得的合成纤维等规聚丙烯纤维的中国商品名，又称聚丙烯纤维。原料来源丰富，生产工艺简单，产品价格比其他合成纤维低廉。丙纶为熔体纺丝，形态结构与涤纶、锦纶相似。

纤维性能

（1）力学性质：丙纶的强度高，一般为 26～70cN/tex，断裂伸长率在 20%～80%，可与中强中伸型涤纶相媲美。因其不吸湿，所以湿强基本与干强相等。丙纶的耐磨性、弹性较好，仅次于锦纶，在伸长率为 3% 时其弹性恢复率为 96%～100%。

（2）纤维密度：丙纶是所有的纺织纤维中密度最小的纤维，其密度为 0.91 克/立方厘米左右。

（3）吸湿性：丙纶不吸湿，在通常大气条件下回潮率为 0。

（4）染色性：丙纶无吸湿亲色基团，故染色性很差。

（5）化学稳定性：丙纶具有较稳定的化学性质，对酸碱的抵抗能力较强，有良好的耐腐蚀性。

（6）热学性质：丙纶的耐热性较差，但耐湿热性能较好，其熔点为 160～177℃，软化点为 140～165℃，较其他纤维低，抗熔孔性很差。丙纶导热系数较小，保暖性较好。

（7）电学性质：因丙纶吸湿能力很差，故比电阻很高，易产生静电。

（8）光学性质：丙纶的耐光性很差，在光的照射下极易老化，故而在制造时常常添加防老化剂。

主要用途及使用性能

丙纶短纤维可以纯纺或与棉纤维、粘胶纤维混纺，织制服装面料、地毯等装饰用织物、土工布、过滤布、人造草坪等；裂膜纤维则大量用于包装材料、绳索等纺织制品，用来替代麻类纤维。

丙纶是所有服装用纤维中比重最轻的，是可浮在水面上的纤维，但其强度很好，因此在服装中得到了普遍应用。

丙纶织物有纯纺、混纺和交织等类别，其中，混纺和交织物多与棉纤维搭配，如有丙/棉什色麻纱等品种；而纯丙纶织物则以帕丽绒大衣呢为代表。

（1）丙/棉什色麻纱：采用丙/棉为65/35混纺纱织成，具有结实耐穿，外观挺括，尺寸稳定性好的特点。多用做军用雨衣、蚊帐等。

（2）帕丽绒大衣呢：以原液染色丙纶毛圈纱织造而成的仿毛织物，具有独特的呢面毛圈风格，色泽鲜艳美观，质地轻而保暖，毛感强，其最大的优点是易洗快干，物美价廉。适宜做青年装及儿童大衣等。

丙纶滤布

丙纶是熔体纺丝纤维，耐酸、耐碱性优良，强度、伸度和耐磨性优良，化学稳定性好，防吸湿能力好；耐热，在90℃略收缩；断裂伸长度为18%～35%；断裂强度是4.5～9g/d；其软化点是140℃～160℃；熔化点是165℃～173℃。滤布可分为丙纶短纤滤布、丙纶长纤滤布。丙纶短纤维，纤维短，纺成的纱丝带毛；丙纶长纤维，纤维长，形成的纱丝光滑。丙纶短纤维织造成的工业用布，布面带毛，粉末过滤和压力过滤效果均比长纤维好；丙纶长纤维织造成的工业用布，布面光滑，透气性能好。丙纶滤布在化工、陶瓷、制药、冶炼、制造、选矿中作滤底，使用效果良好。

再生纤维

ZAISHENG XIANWEI

再生纤维是与天然纤维素和蛋白质具有相同化学组成的人造纤维。它分为再生纤维素纤维和再生蛋白质纤维两类。再生纤维素纤维有粘胶纤维、醋酯纤维、铜氨纤维等。再生蛋白质纤维是从乳酪、大豆、玉米、花生等中提取蛋白质，制成黏稠的纺丝溶液，经喷丝头挤压入凝固浴中凝固成的蛋白质纤维。

值得一提的是，再生纤维素纤维的发展经历了三个阶段。第一代是20世纪初为解决棉花短缺而面世的普通粘胶纤维。第二代是20世纪50年代开始实现工业化生产的高湿模量粘胶纤维。第三代产品是以20世纪90年代推出的天丝为代表。

由于耕地的减少和石油资源的日益枯竭，天然纤维、合成纤维的产量将会受到越来越多的制约；人们在重视纺织品消费过程中环保性能的同时，对再生纤维素纤维的价值进行了重新认识和发掘。当下，再生纤维素纤维的应用出现了迅猛地增长。

粘胶纤维

粘胶纤维为再生纤维素纤维，它以天然纤维素高聚物为原料，经过化学处理和机械加工制得的纤维，由于采用不同的原料和纺丝工艺，可分别制得普通粘胶纤维、高湿模量粘胶纤维和高强力粘胶纤维等。普通粘胶纤维又可分为棉型、毛型、中长型，俗称人造棉、人造毛和人造丝。高湿模量粘胶纤维具有较高的强力、湿模量，其代表产品为富强纤维。高强力粘胶纤维具有较高的强力和耐疲劳性能。

粘胶纤维

纤维性能

（1）力学性质：粘胶纤维的断裂强度较棉小，为16～27cN/tex纤维的纤度单位，1000米长的纤维的重量以克计，就是特克斯（号数）〔tex（H）〕tex（H）＝g/L×100，其中，g为重量，L为长度。1cN＝0.01N（断裂比强度单位）；断裂伸长率比棉大，为16%～22%；粘胶纤维的湿强力下降很大，仅为干强的50%左右。湿态长丝的伸长率增加50%左右，湿态模量较棉低，弹性恢复能力差，尺寸稳定性差，耐磨性差。富强纤维对粘胶纤维以上缺点有较大的改善，特别是湿强有较大的提高。

（2）纤维密度：粘胶纤维的密度小于棉纤维而大于毛纤维，为1.50～1.52克/厘米。

（3）吸湿性：粘胶纤维的结构松散，且吸湿性羟基较多，是常见化学纤维中吸湿能力最强的纤维，在通常大气条件下回潮率在13%左右。

（4）染色性：粘胶纤维的染色性很好，染色的色谱很全，可以染成各种鲜艳的颜色。

（5）化学稳定性：粘胶纤维的耐碱性较好，但不耐酸。其耐酸碱性均较棉差。

（6）热学性质：粘胶纤维的耐热性和热稳定性较好。

（7）电学性质：因粘胶纤维的吸湿能力很强，比电阻低，抗静电性能很好。

（8）光学性质：粘胶纤维的耐光性与棉相近。

主要用途及使用性能

粘胶纤维因其吸湿好，穿着舒适，可纺性好，可与棉、毛及其他合成纤维混纺、交织，用于各类服装及装饰用品。高强力粘胶纤维还用于作轮胎帘子线、运输带等产业用纺织品。粘胶纤维是一种应用十分广泛的化学纤维。

粘胶纤维的制备方法

由纤维素原料提取出纯净的α－纤维素（称为浆粕），用烧碱、二硫化碳处理，得到橙黄色的纤维素黄原酸钠，再溶解在稀氢氧化钠溶液中，成为黏稠的纺丝原液，称为粘胶。粘胶经过滤、熟成、脱泡后，进行湿法纺丝，凝固浴由硫酸、硫酸钠和硫酸锌组成。粘胶中的纤维素黄原酸钠与凝固浴中的硫酸作用而分解，纤维素再生而析出，所得纤维素纤维经水洗、脱硫、漂白、干燥后成为粘胶纤维。由于生产中的二硫化碳有毒，与空气混合后易着火、爆炸，因而需对三废（废气、废水和废渣）进行处理，并要注意劳动保护和安全。

醋酯纤维

醋酯纤维是以纤维素为原料，经乙酰化处理后纤维素上的羟基与醋酐作用生成醋酸纤维素酯，经纺丝制得的纤维称为醋酯纤维。醋酯纤维可根据乙酰化处理的程度不同分为二醋酯纤维和三醋酯纤维。

纤维性能

（1）力学性质：二醋酯纤维的强度较粘胶纤维的断裂强度小，干强为10.6～15cN/tex，湿强为6～7cN/tex；三醋酯纤维的干强为9.7～11.4cN/tex，湿强与干强相接近；断裂伸长率比粘胶纤维大，为25%左右，湿态伸长率为35%左右，纤维的耐磨性能较差。

（2）纤维密度：醋酯纤维的密度小于粘胶纤维，二醋酯纤维为1.32克/立方厘米，三醋酯纤维为1.30克/立方厘米左右。

（3）吸湿性：醋酯纤维的羟基被酯化，因而吸湿能力比粘胶纤维小，在通常大气条件下，二醋酯纤维回潮率在6.5%左右，三醋酯纤维回潮率在4.5%左右。

醋酯纤维大衣

（4）染色性：醋酯纤维的吸湿能力较小，染色性能较粘胶纤维差，通常采用分散性染料和特种染料染色。

（5）化学稳定性：醋酯纤维对稀碱和稀酸具有一定的抵抗能力，但浓碱会使纤维皂化分解，纤维在浓碱中会发生裂解。

（6）热学性质：醋酯纤维是热塑性纤维，二醋酯纤维在140～150℃开始变形，软化点200～230℃，熔点为260～300℃。三醋酯纤维的软化点为260～300℃，所以醋酯纤维的耐热性和热稳定性较好，具有持久的压烫整理性能。

（7）电学性质：醋酯纤维具有一定的吸湿能力，比电阻较小，抗静电性能较好。

（8）光学性质：醋酯纤维的耐光性与棉纤维相近。

主要用途及使用性能

醋酯纤维吸湿能力较粘胶纤维低，不易污染，洗涤容易，且手感柔软，弹性好，不易起皱，故较适合于制作妇女用服装面料、衬里料、贴身女衣裤等，也可与其他纤维交织生产各种绸缎制品。

纤维素

纤维素是由葡萄糖组成的大分子多糖，不溶于水及一般有机溶剂，是植物细胞壁的主要成分。纤维素是世界上最丰富的天然有机物，占植物界碳含量的50%以上。棉花的纤维素含量接近100%，为天然的最纯纤维素来源。一般木材中，纤维素占40%～50%，还有10%～30%的半纤维素和20%～30%的木质素。此外，麻、麦秆、稻草、甘蔗渣等，都是纤维素的丰富来源。纤维素是重要的造纸原料。此外，以纤维素为原料的产品也广泛用于塑料、炸药、电工及科研器材等方面。食物中的纤维素（膳食纤维）对人体的健康也有着重要的作用。

铜氨纤维

铜氨纤维也是再生纤维素纤维，它是将棉短绒等天然纤维素高聚物溶解在氢氧化铜溶液中，或碱性铜盐的浓氨溶液内，制成纺丝液，再进行湿法纺丝和后加工制成铜氨纤维。

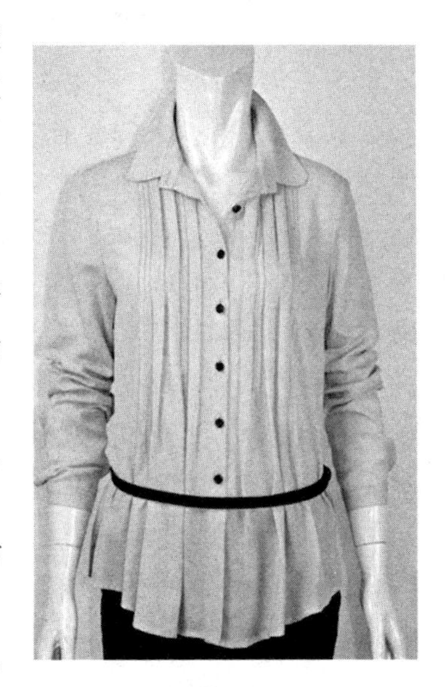

铜氨纤维服装

纤维性能

（1）力学性质：铜氨纤维干强与粘胶纤维的干强相近，为20.1～21.2 cN/tex；湿强为10.6～11.5cN/tex。

（2）纤维密度：密度与粘胶纤维相同，为1.5～1.52克/厘米。

（3）吸湿性：与粘胶纤维相近，在通常大气条件下为12%～13%。

（4）染色性：铜氨纤维的染色性很好，染色的色谱很全，可以染成各种鲜艳的颜色。

制成各种高档丝织和针织物。

（5）化学稳定性：铜氨纤维的化学稳定性与粘胶纤维相同，能被热稀酸或冷浓酸溶解，遇稀碱液则轻微损伤，强碱能使纤维膨化及强度损失，最后溶解。铜氨纤维一般不溶解于有机溶剂。

（6）热学性质：耐热性和热稳定性较好，但与粘胶纤维一样，容易燃烧，在180℃时枯焦。

（7）电学性质：因铜氨纤维的吸湿能力很强，比电阻低，抗静电性能很好。

（8）光学性质：铜氨纤维的耐光性与棉纤维、粘胶纤维相近。

主要用途及使用性能

铜氨纤维柔软纤细，光泽柔和，常常用于作高档丝织或针织物。由于原料的限制，工艺较为复杂，产量较低。

湿法纺丝

这是化学纤维主要纺丝方法之一，简称湿纺。湿纺包括的工序是：(1) 制备纺丝原液；(2) 将原液从喷丝孔压出形成细流；(3) 原液细流凝固成初生纤维；(4) 初生纤维卷装或直接进行后处理。

具体做法是：将成纤高聚物溶解在适当的溶剂中，得到一定组成、一定黏度并具有良好可纺性的溶液，称纺丝原液。也可由均相溶液聚合直接得到纺丝原液。高聚物在溶解前先发生溶胀，即溶剂先向高聚物内部渗入，使大分子之间的距离不断增大，然后溶解形成均匀的溶液。高聚物溶液在纺丝之前，须经混合、过滤和脱泡等纺前准备工序，以使纺丝原液的性质均匀一致，除去其中所夹带的凝胶块和杂质并脱除液中的气泡。

天丝纤维

天丝纤维是英国生产的一种再生纤维的商标名称，在我国注册中文名为“天丝”，该纤维是以木浆为原料经溶剂纺丝方法生产的一种新型绿色纤维。

纤维性能

（1）力学性质：天丝纤维的干强为40～42cN/tex，断裂伸长率为14%～16%。湿强为30～36cN/tex，湿态断裂伸长率为16%～18%。无论在干或湿的状态下，均极具韧性。在湿的状态下，它是一种湿强力大于棉的纤维素纤维。天丝纤维的应力应变特点使它与纤维素纤维间抱合力较大，较易混纺。高湿模量使天丝纤维织物缩水率很低，其纱线缩水率仅为44%。天丝纤维高强度适于制造超细纤维。

（2）纤维密度：天丝纤维的密度为1.52克/立方厘米左右。

（3）吸湿性：吸湿性仅次于粘胶纤维，在通常大气条件下回潮率在11%左右。

（4）染色性：因纤维组成和结构与纤维素类纤维相同，故织物可用传统纤维素纤维的预处理、漂白和染色工艺进行加工。印染效果很好。

（5）化学稳定性：天丝纤维的化学性质与纯纤维素纤维相同，故具有与棉、粘胶纤维等的耐酸碱性和化学稳定性。

（6）热学性质：具有棉、麻等纤维素纤维的耐热及热稳定性。

（7）电学性质：纤维的比电阻低，有良好的抗静电性能。

（8）光学性质：天丝纤维圆形截面和纵向良好的外观，使天丝纤维织物具有丝绸般的光泽，优良的手感和悬垂性，服装具有飘逸感。

天丝面料T恤

主要用途及使用性能

天丝纤维有棉的“舒适性”、涤纶的“强度”、毛织物的“豪华美感”和真丝的“独特触感”及“悬垂性”。纯天然材料，环保的制造流程，让生活方式以保护自然环境为本，完全迎合现代消费者的需求，堪称为21世纪的绿色纤维。通过对原纤化的控制，可做成桃皮绒、砂洗、天鹅绒等多种表面效果的织物，形成全新美感，适合开发具有新的细条、光学可变性的新潮产品。

竹浆纤维

竹浆纤维是以竹子为原料，经特殊的高科技工艺处理，把竹子中的纤维素提取出来，再经纺丝液制备、纺丝等工序制造而成的再生纤维素纤维。

纤维性能

（1）力学性质：强度较粘胶纤维高。干强在19.3cN/tex左右，干态断裂伸长率在12%左右。湿强在17.5cN/tex左右，湿态断裂伸长率在8.5%，较高的初始模量，良好的抗起球和抗皱性。

（2）纤维密度：密度与粘胶纤维相近，为1.52克/立方厘米左右。

（3）吸湿性：具有较好的吸湿性、透气性，竹浆纤维属再生纤维素纤维，其结构为多孔隙网状结构，它的吸湿性透气性比其他粘胶纤维要好，给人一种排汗凉爽的感觉。在通常大气条件下回潮率为11%左右。

（4）染色性：竹浆纤维具有多孔隙网状结构，可以在水中瞬时润胀，使活性染料这种水溶性极好而分子又较小的染料能迅速吸附于竹浆纤维，并能迅速在竹浆纤维中扩散，染色均匀。因此，竹浆纤维活性染色性能优良，其上染百分率较高，半染时间短，色泽鲜艳，匀染性好，固色率高，牢度优良。

（5）化学稳定性：在纤维素大分子中，联结基本链节的葡萄糖苷键，对酸稳定性很小，加之竹浆纤维结构特点，对无机酸的稳定性比粘胶纤维要小，温度升高时，酸的破坏作用特别强烈。竹浆纤维在碱中的膨润和溶解作用较强，在相同条件碱对竹浆纤维渗透性要比普通粘胶纤维大，因此耐碱性较差。

(6) 热学性质：有较强的耐热性，普通粘胶纤维是有较高的耐热性，且高于棉花，竹浆纤维的耐热性优于普通粘胶纤维。

(7) 电学性质：具有纤维素纤维良好的抗静电性能。

(8) 抗菌、抑菌和防紫外线性：竹子在生长过程中，无虫、无蛀、无腐蚀，在大自然中有很好的自我保护性，具有天然抗菌性的物质，能抵抗外界病虫害。竹纤织物对200～400纳米的紫外线透过率几乎为零，可以看出竹浆纤维织物有很好的对紫外线屏蔽作用，从而保证人体不受紫外线的伤害。

(9) 可生物降解性：在正常的温度条件下，竹浆纤维及其纺织品具有很好的稳定性，但在一定环境和条件下，竹浆纤维可分解成二氧化碳和水。

其降解方法有以下几种：

(1) 垃圾处理：纤维素燃烧生成二氧化碳和水，对环境无污染。

(2) 土地埋入降解：土中的微生物营养使泥土活化，增强土力，经过8～10个月降解。

(3) 活性污泥中降解：主要通过大量存在的细菌，使纤维素分解。

主要用途及使用性能

竹浆纤维是继天丝、大豆蛋白纤维、甲壳纤维等产品之后又一种新型纺织原料，它具有手感柔软、悬垂性好、吸放湿性能优良、染色亮丽等特性，使其在纺织领域应用十分广泛。对该纤维及产品进行产业化推广，其良好的可纺性和服用性已产生较大的社会效益和显著的经济效益。

牛奶纤维

牛奶蛋白纤维又称酪素纤维，是将液态牛奶去水、脱脂，利用接枝共聚技术将蛋白质分子与丙烯腈分子制成牛奶浆液，再经湿纺新工艺及高科技手段处理而成，使其内部形成一种含有牛奶蛋白质氨基酸大分子的线型高分子结构。

牛奶蛋白纤维面料柔软滑爽，悬垂飘逸，具有丝绸一样的手感和风格。

该纤维的原料含有多种氨基酸，纤维织物贴身穿着润滑，具有滋养功效，质地轻盈、柔软、滑爽，穿着透气，制成的服装具有润肌养肤、抗菌消炎的

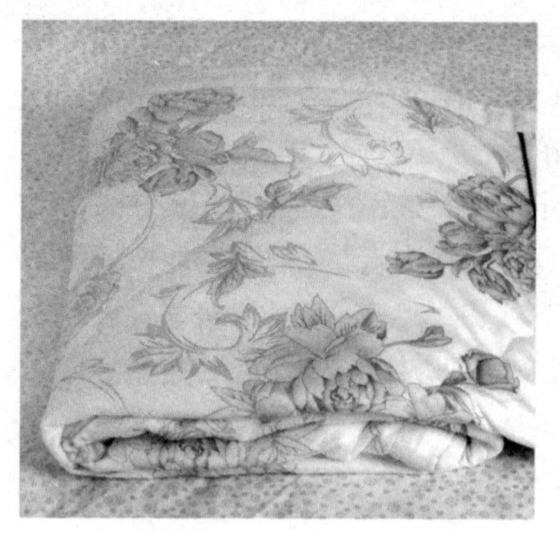

牛奶纤维被

独特功能，是制作儿童服饰和女士内衣的理想面料。

在面料及服饰功能上，牛奶纤维与染料的亲和性，使纤维及其织物颜色格外亮丽生动，而且具有优良的色牢度。牛奶蛋白纤维含多种氨基酸，纤维 pH 值呈微酸性，与人体皮肤相一致，不含任何致癌物质，是制作内衣的上佳面料，它富含保湿因子，能保养皮肤肤质。

牛奶纤维衣物怎么洗

牛奶纤维的化学成分跟蚕丝相近，都是蛋白质构成的。所以清洗方法和注意事项也等同于蚕丝。首先就是不能用碱性强的洗涤用品，比如肥皂、洗衣粉等。要用丝毛类专用洗涤剂，比如羊毛清洗剂等。洗洁精的 pH 值是中性的，也可以使用。其次，无论上面沾污了什么污渍，都不要用漂白性的洗涤剂，比如 84，一旦使用，纤维强力严重损伤直至断掉。总之，一切参考真丝绸的洗涤方法，以轻柔、中性、手洗为基本原则。

大豆纤维

大豆纤维属于再生蛋白纤维类，是采用化学、生物化学的方法从榨掉油脂的大豆渣中提取球状蛋白，通过添加助剂，改变蛋白质空间结构，与聚乙烯醇（PVA）共混制成纺丝原液，经湿法纺丝而成。该纤维单丝纤度细、比重轻、强伸度较高、耐酸耐碱性较好，具有羊绒般的柔软手感、蚕丝般的优雅光泽、棉纤维的吸湿和导湿性及穿着舒适性、羊毛的保暖性，被称为“人造羊绒”。

大豆纤维可在棉纺、绢纺、毛纺（羊绒）等生产设备上纺纱，能与其他天然纤维和化学纤维混纺交织开发针织产品（内衣、外衣、袜子等）和机织产品（服装面料、床上用品等）。此纤维本身呈现米黄色，难以漂白，色泽鲜艳度较差，耐湿热性差，在染整加工中应注意温度控制等关键技术问题。

大豆纤维被

这种面料柔软滑爽、透气爽身、悬垂飘逸，具有独特的润肌养肤、抗菌消炎的功能。用它纺织成的面料，具有羊绒般的手感，蚕丝般的柔和光泽，兼有羊毛的保暖性、棉纤维的吸湿性和导湿性，穿着十分舒适，而且能使成本下降30%～40%。大豆蛋白纤维既具有天然蚕丝的优良特性，又具有合成纤维的力学性能，并具有良好的洗可穿性，它的出现满足了人们对穿着舒适性、美观性的追求。

大豆纤维衣服

大豆纤维服装穿着舒适、外观华贵，既具有羊绒般柔软手感、蚕丝般柔和光泽，又符合服装免烫、洗可穿的潮流。作为内衣大豆蛋白纤维与人体皮肤亲和性好，且含有多种人体所必需的氨基酸，具有良好的保健作用。目前大豆纤维的主要产品有羊毛衫、T恤、内衣、海滩装、休闲服、运动服、时尚女装、衬衣、西装、床上用品等。

大豆纤维衣服的洗涤方法要特别注意：洗涤前先浸泡3分钟，再轻轻揉搓；要用中性洗涤液，最好用香皂。洗完后用干毛巾将衣服轻轻压出水分，表面整理平整搭在衣架上即可。要晾在通风处，避免阳光直射。切记万不可搭在暖气上烘烤，不能使用含生物酶的洗涤剂。

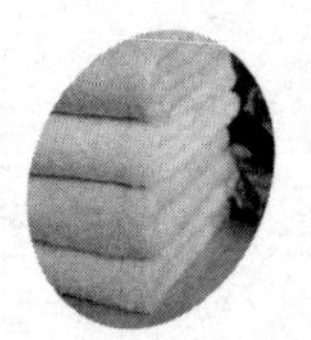

医学功能纤维

YIXUE GONGNENG XIANWEI

生物医学功能纤维是生物技术在纤维材料技术方面的突破。生物医用材料的发展有着悠久的历史。据史料记载，公元前约3500年古埃及人就利用棉花纤维、马鬃作缝合线缝合伤口，而这些棉花纤维和马鬃则可称之为原始的生物医用材料。公元前2500年前，中国、埃及的墓葬中就发现有假牙、假鼻、假耳。

医学功能纤维近30年的飞速发展，是得益于组织工程学、纳米技术、材料表面改性技术的持续突破。这是一类用于诊断、治疗或替换人体组织、器官或增进其功能的新型高技术材料。按应用领域又可分为可降解与吸收材料、组织工程材料与人工器官、控制释放材料、仿生智能材料等。利用现有的生物医学材料，已开发应用的医用植人体、人工器官等近300种，主要包括：起搏器、心脏瓣膜、人工关节、骨板、骨螺钉、缝线、牙种植体，以及药物和生物活性物质控释载体等。

随着人们生活水平提高和对生命的珍视，改善人们生活质量、提高卫生保健水平已形成潮流。近年来抗菌（含防霉、防臭、消臭）、远红外、芳香、负离子、高吸湿等卫生保健功能纤维的开发生产十分活跃，多种纤维已经产业化。

抗菌纤维

纺织品因受微生物侵蚀而造成的危害是显而易见的。每年全球范围的纺织品生产厂商和消费者因此而遭受的经济损失也是相当惊人的。不仅如此，随着纤维制品，特别是合成纤维制品在工业用领域应用的不断扩大，微生物对纤维制品的侵蚀可能造成的危害也难以估量。由于普通纺织品并无杀菌作用，在人们的日常使用中可能成为各种致病菌繁殖的“温床”，反过来又会造成人体皮肤表面的菌群失调。此外，沾污在纺织品上的细菌，会催化代谢或分解出各种低级脂肪酸、氨和其他有刺激性臭味的挥发性化合物，加上细菌本身的分泌物和尸骸的腐败气味，使纺织品产生各种令人厌恶的气味，影响卫生。某些致病菌的传播除了是直接接触以外，更多的是通过间接方式传播的。某些带菌病人或是健康的带菌人通过接触或者咳嗽、喷嚏、口水、鼻涕、痰会将致病菌沾染到各种物体上再传播到别人甚至自己适合于该致病菌繁殖的人体部位而引起疾病，这其中，纺织品是一个重要的传播媒体，尤其是在某些公共场所，如医院、宾馆、饭店、浴室等。有资料表明，世界各国医疗单位发生交叉感染的情况是相当严重的，各国感染率约为3%～17%。这其中，耐药性金黄色葡萄球菌（MRSA）交叉和重复感染正呈现出迅速发展的态势。

绿茶珍珠丝素

20世纪50年代中期至60年代中期，美国、日本等国投入大量资金和人力，开始进行纺织品的抗菌整理技术研究，这种研究的重点集中在对纺织品抗菌的可行性和实用价值等方面。到70年代中期，早期的抗菌纺织品已实现大规模工业化生产，其所采用的抗菌整理剂主要为有机金属化合物和含硫化合物。虽然抗菌效果较为理想，但有关对人体的安全性问题逐渐引起广泛的争议。70年代中期以后，低毒性卫生整理剂的开发获得突破性进展，比较著名的有道康宁的有机硅季铵盐（DC 5700）、三木里研的芳香卤代化合物等。

以后加工抗菌防臭纺织品经历了浸渍、涂层（黏合）、树脂整理和接枝键合等工艺发展过程。由于其工艺简单、抗菌剂选择余地大、适用性广等特点而迅速得到广泛应用，但一些在抗菌纺织品发展中迫切需要解决的问题也逐渐显现出来，如抗菌效果的耐久性问题、溶出物对人体的安全性问题以及对织物风格的影响等问题。80 年代后期，抗菌纤维开始崭露头角。抗菌纤维通常是将抗菌添加剂通过共混的方法加到纤维内部或表层以内的部分，或者通过化学方法使之固定在纤维表面。这样不仅使抗菌剂不易脱落，而且能通过纤维内部的扩散平衡，保持持久的抗菌效果。1984 年，日本品川燃料公司首次开发成功以含 Ag 沸石为代表的无机抗菌剂，为抗菌纤维的研究开发奠定了基础。与抗菌整理织物相比，抗菌纤维显示出更大的优点，其抗菌性能优良、耐久性（耐洗性）好、安全性高并且服用舒适。同时，在土工、海洋渔业和工程、汽车、飞机、电线电缆、家用电器、通信器材、各种篷帆织物、填充材料等应用领域有着更广阔的应用前景。从 20 世纪 90 年代开始，抗菌纺织品的发展进入了一个新的发展阶段，即抗菌纤维阶段。由于抗菌纤维的开发涉及纺织、化学、生物、高分子和测试分析等多个学科领域，综合技术含量和应用的难度更高，从全球范围看正在进入成熟期。现在国际上抗菌纤维的开发已经覆盖了几乎所有的常规化学纤维品种，其中有不少已实现产业化规模的生产和应用。

需要特别强调的是，抗菌纺织品的开发是一项涉及多学科的系统工程，技术含量和技术难度大大高于一般功能性纺织品的开发。特别是所采用的抗菌剂体系的生态毒性问题涉及使用的安全性问题，与消费者的健康安全和环境保护休戚相关。日本对抗菌纺织品的发展制订有一套严格的管理和监控制度，从而为消费者安全使用抗菌纺织品提供了保证，同时也为抗菌纺织品的发展进行了有序的规范。

从消费需求和市场发展的趋势分析，抗菌纤维及其制品具有十分可观的发展前景，其应用领域正在逐渐向 3 个主要方向细分：医疗卫生和保健防护用品领域、服装服饰和家用纺织品领域以及产业用纺织品领域。这三个领域的发展重点分别是：抗菌医疗保健产品开发的系列化和专业化，提高抗菌服用和家用纺织品的舒适性以及大力开拓抗菌纤维及其制品在产业用或土工用领域的应用。实践表明，要使抗菌纤维健康有序的发展，需要多学科的协同

攻关和相关检测技术以及标准化工作的同步发展。为此，我们还有很多工作要做，还有很长的路要走。

芳香纤维

众所周知，香味能够影响人的情绪，甚至对人产生生理方面的影响。在芳香的环境下生活和工作，可使人消除疲劳、愉悦身心、提高工作效率。研究表明，丁香和茉莉花的香味可使人产生一种轻松安静的心情，紫罗兰和玫瑰的香味会使人兴奋，而柠檬的香味则会使人清醒、驱除困乏。科学家通过对部分受试者的脑电波测试发现：某些香味可产生镇静型脑电波，而某些则产生激励型脑电波。基于香味的特殊功效，芳香型产品的开发受到了广泛的关注。一般而言，芳香型产品的功效无非包括 3 个方面：①以芳香的气味掩盖某些令人不快的气味；②利用某些具有杀菌功能的特殊香料达到净化空气、预防疾病传播的功效；③营造一种温馨芳香的环境气氛，调节人们的心情。

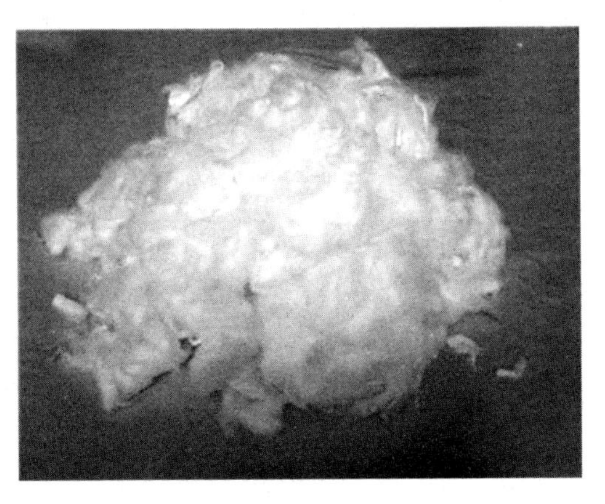

芳香纤维丝

芳香纤维的开发研究始于 20 世纪 80 年代各种功能性纤维开发的热潮之中。1985 年，日本三菱人造丝推出库比利－65 芳香纤维，该纤维具有柏木的清香，可用作被褥、枕头、床垫等填充材料，也可制成芳香型非织造布用于各种装饰材料、家具布或家用纺织品。日本可乐丽公司 1987 年推出的拉普莱托芳香纤维有茉莉香型、熏衣草香型、可可香型、柑橘香型等。日本帝人公司开发的泰托纶 GS 香型纤维号称森林浴纤维。它能使环境充满一种林深树密的自然气息，置身其中犹如在森林中散步一样令人心旷神怡、精力充沛。据称，该产品的森林浴效果可持续 3 年以上。而日本钟纺公司开发的花之精系列芳香型纺织品自 1987 年投放市场以来一直受到消费者的广泛欢迎。国内的

芳香纤维开发同样始于20世纪80年代，但在生产工艺、纤维品种、香型选择等方面与日本相比仍存在较大的距离，特别是在产品的产业化开发方面更是存在很大的差距。

现今日本在芳香纤维及其制品的产业化开发方面仍处于领先地位，开发的产品已经涉及被褥、枕头、床垫、靠垫等软家具和床上用品以及地毯、服饰、服装、家具布、窗帘等纺织制品。但欧美对芳香纤维及其制品的开发并未表现出人们所期待的热情，这与其对以添加相应的化学品为主的方式开发功能性纺织品一贯持审慎的态度有关。国内化纤行业曾对芳香纤维的开发显示出浓厚的兴趣，但限于技术、装备以及产品市场化整体开发能力上的不足，实际的成果并不明显，开发的产品局限在几个比较单一的品种上，很多工艺技术上的问题尚未得到很好的解决，产业化的程度很低。

芳香纤维的应用主要集中在床上用品、室内装饰织物和内衣、服装等领域。将芳香纤维应用于服用领域可以满足人们亲近自然、追求时尚、增加亲近感的心理需求；而将芳香纤维用于床上用品或室内装饰织物将有助于营造一种自然、清新、安详、温馨、亲切、舒适的生活环境，使人仿佛置身于绿树成荫、繁花似锦的自然环境中，享受着大自然的抚慰，达到调节情绪、舒缓压力、养心安神、恢复体力、振奋精神的目的，除此之外，还有抑菌防霉、净化空气的功效。

事实上，芳香纤维在填充料、床上和装饰用品领域的应用已经呈现出良好的发展前景，但在服用领域的应用远未达到预期的效果。究其原因，主要在于所开发的芳香纤维中的绝大部分，其服用性能不太理想。比较芳香纤维制备的3种主要工艺可以发现，微胶囊法由于耐洗性差而不太适用于服用芳香纤维的开发；复合纺丝法由于受设备和工艺技术条件以及芯层和皮层材料、纤维纤度等的限制，纤维的服用性能难以得到根本的改善；共混熔融纺丝法由于芳香剂的耐热性问题而局限在聚丙烯纤维这一个品种上，而常规丙纶的服用性差是众所周知的。突破口在哪里？有人以为，欲使芳香纤维在服用领域的应用获得更大的发展，在纤维品种受到限制的前提下，改善纤维的服用性能是突破瓶颈的关键。细旦丙纶的成功开发和应用，为芳香纤维扩大在内衣和服饰领域的应用展现出了一片诱人的前景。常规丙纶由于吸湿性差、染色不易等缺陷在服用领域不受青睐。但研究表明，当丙纶纤维的纤度低于1d时，由于特殊的芯吸效应而显示出卓越的导湿性能，服用性能大大改善，十

分适合于制作内衣。当然，细旦丙纶的纺制的本身就有相当的技术含量，不仅工艺条件复杂，而且涉及聚合物改性。如果再加入芳香剂，会使聚丙烯的超分子结构发生变化，特别是结晶性能的改变，从而使纺丝条件更加复杂化。不过，这些变化对纺丝工艺的影响而言，有些是正面的，有些则是负面的，通过适当地调整工艺和进行技术攻关，纺制出细旦芳香丙纶纤维是完全可能的。现在丝普纶、超锦纶等细旦丙纶长丝和短纤的应用正呈现出良好的发展势头，相信随着细旦芳香丙纶纤维的面世，芳香纤维在服用领域的应用将会迎来突破性的发展机遇。

远红外纤维

远红外纤维是具有远红外辐射功能的一类功能性纤维的统称。远红外纤维可在很宽的波长范围内吸收环境或人体发射出的电磁波并辐射出波长范围在2.5～30微米的远红外线，这是由于纤维中添加的具有远红外辐射功能的添加剂在吸收了外界的电磁辐射能量后其分子的能态从低能级向高能级跃迁，尔后又从不稳态的高能级回复到较低的稳态能级而辐射出远红外线。由于远红外纤维所辐射出的电磁波中4～14微米波长范围内的远红外线与人体细胞中水分子的振动频率相同，当人体表面受到这种远红外线的辐射时，会引起人体表面细胞的分子的共振，产生热效应，并激活人体表面细胞，促进人体皮下组织血液的微循环，达到保暖、保健、促进新陈代谢、提高人体免疫力的功效。

远红外纤维的开发始于20世纪80年代。受太阳能发电的启发，人们开发了具有吸热、蓄热特性的碳化锆保温纤维。日本在远红外纤维的研究开发中倾注了大量的热情并取得了很大的成功。旭化成、东丽、ESN、钟纺、可乐丽、东洋纺和尤尼吉卡等日本著名的化纤生产企业都已经实现了远红外纤维的多品种规模化生产。我国远红外纤维的开发研究始于20世纪90年代，早期的开发从织物的远红外功能整理开始，尔后转到纤维的开发。现在我国的远红外纤维研究开发已取得相当大的进展，并在部分纤维品种上实现了规模化的生产。从总体上看，我国远红外纤维的发展是在所有功能性纤维的开发中开发最早、产业化和商品化程度最高的，但与日本等国的发展水平相比仍有一定的差距。

曾有人将远红外纤维按其制备工艺分为共混纺丝法、涂层后处理法两大类，但从严格意义上讲，涂层后处理法更适用于织物成品的后整理工艺，而且用此法制得的远红外纤维耐洗性差，效果不持久，人们习惯上并不将其归入作为功能性纤维的远红外纤维范畴。

现在所有已实现产业化的远红外纤维都是由共混纺丝方法制得的，包括远红外涤纶、远红外丙纶、远红外锦纶、远红外黏胶、远红外腈纶等。这些远红外纤维除了具有远红外线辐射功能之外，其他的纤维物理性能与常规的纤维相比并无显著的差异，因此在应用性能上并无特殊的限制。远红外涤纶和远红外丙纶由于不适合于内衣或贴身服饰产品而主要用于各种具有保暖功能的冬季防寒服、絮棉、运动服、工作服、风衣、窗帘、地毯、床垫、睡袋以及保健枕头、保健被褥、女性保健文胸和其他各种具有改善人体皮下组织微循环的保健产品。远红外锦纶多用于滑雪衫面料、运动衫、紧身衣、防风运动服等产品。远红外黏胶由于具有吸湿透气、手感丰满、穿着舒适和悬垂性好等特点而主要用于内衣、贴身服饰和冬季薄型保暖内衣等产品和部分贴身使用的保健产品。远红外腈纶具有优异的耐蛀性和染色性，良好的蓬松感和舒适感，有类似于羊毛的手感，而且穿着的舒适性和透气性也大大优于其他的合成纤维，因此在袜子、手套、垫子、毛衣、围巾、帽子、被子和毛毯等传统的应用领域有着强大的发展优势。其实，从本质上看，所谓的远红外纤维就是在常规纤维的一般应用性能的基础上增加了保暖和改善皮下组织微循环的功能，所有的产品开发的目标都是围绕保暖和保健功能而展开的，从而提高产品的附加值。

远红外电热毯

经过开发初期的无序竞争、炒作甚至功能的无限扩大之后，远红外纤维的发展已开始回归它原来应有的发展轨道。在充分认识了远红外纤维的功能原理之后，我们可以发现远红外纤维其实并不神奇，也不神秘，更不是像有些媒体或经销商所宣称的那样运用生命科学原理、采用高科技手段、引入生

命必需的微量化学元素，可以包治百病甚至法力无边。远红外纤维其实只是一种功能有限的功能性纤维而已，谬误发展到极致就意味着市场的崩塌。

远红外纤维的保暖和促进微循环的功能原理其实是有区别的。远红外纤维的保暖功能来自于它在吸收外界电磁波辐射的能量后能放射出远红外线以及反射人体散发出的远红外线的功能，因此，用远红外纤维制成服装后可以阻止人体热量向外部的散发，起到高效保温作用。而远红外纤维的促进微循环的作用，则是基于其吸收以可见光为主的外界电磁辐射后，发出的远红外线及反射人体发出的远红外线作用于人体表面细胞，因振动频率相吻合而增强分子的热运动、促进皮下组织的微循环和新陈代谢。很显然，要达到这些目标，有几个必需的条件：①吸收外界的能量，②能与皮肤直接接触。由于远红外线穿透普通纺织品的能力有限，要起到促进微循环的作用远红外纤维必须用于内衣才合适，但这样一来，其吸收外界能量的途径就受到了限制，而更多的是反射人体本身散发出的远红外线，能量十分有限。

不可否认，远红外纤维的保暖和促进微循环的功能是确凿的，远红外纤维制品的持续热销反映了消费者和市场对保暖服装、轻薄化的冬季服装以及能促进和改善微循环的保健产品的消费需求的持续增长。从世界消费潮流的发展变化分析，远红外纤维产品的发展前景相当可观，并将在两个方面受到更多的关注：①在充分认识远红外纤维作用原理的基础上，根据产品功能的准确定位，使产品设计更趋合理，以充分发挥纤维的特殊功能；②远红外纤维的应用领域将进一步扩大，各种新产品将层出不穷。

远红外线的保健原理

远红外的热作用通过神经液的回答反应，激活了免疫细胞功能，加强了白细胞和网状内皮细胞的吞噬功能，达到消炎抑菌的目的。增强了组织营养，活跃了组织代谢，提高了细胞供氧量，加强了细胞再生能力，改善了病区的供血氧状态，控制了炎症的发展并使其局限化，加速了病灶修复。远红外的热效应，改善了微循环，建立了侧支循环，调节了离子的深度，促进了有毒物质的代谢、废物的排泄，加速了渗出物质的吸收，使炎症水肿消退。基于

以上原理，远红外线能量具有从高到低的可传递性，即能量可从强大的一方传向衰弱的一方，所谓天之道损有余而补不足，对调节人体各器官的能量平衡十分重要，所以才会在医疗、康复领域被广泛使用。

甲壳质纤维

甲壳质即甲壳素，它广泛存在于甲壳类动物如虾、蟹等节肢类动物的壳体及蕈类、藻类的细胞壁中，壳聚糖是甲壳质脱去乙酰基后的产物，是甲壳质的重要衍生物。在自然界中甲壳质的生物合成量每年约数十亿吨，是地球上仅次于纤维素的天然高分子化合物，也是地球上第二大有机资源，是人类可充分利用的一种取之不尽、用之不竭的巨大自然资源。

研究表明，甲壳质纤维是自然界中惟一带正电的阳离子天然纤维，具有相当的生物活性和生物相容性。其主要成分甲壳质具有强化人体免疫功能、抑制老化、预防疾病、促进伤口愈合和调节人体生理机能等五大功能，在国际上被誉为继蛋白质、脂肪、碳水化合物、维生素、微量元素之后的第六生命要素，是一种十分重要的生物医学功能材料。可制成延缓衰老的药物、无需拆线的手术缝合线、高科技衍生物氨基葡萄糖盐酸盐和硫酸盐，是抗癌、治疗关节炎等药物的重要原料。同时，甲壳质及其衍生产品在纤维、食品、化工、医药、农业、环保等领域具有十分重要的应用价值，如净水、废水处理的吸附剂、土壤改良剂、食品保鲜剂等。又如稀土甲壳质用作动物饲料添加剂或植物增长剂，可以增强动物的免疫力，减少农药的使用量。甲壳质纤维是一种环保性纤维，将纤维埋在地下 5 厘米处，经 3 个月可被微生

甲壳素

物分解，且不会造成污染，因此，甲壳质纤维是当代重要的环保型纤维之一。

总之，由于甲壳质类纤维其原料来源丰富且可再生，使用后废弃物可生物降解，具有极为良好的生物医学和卫生保健功能，因而引起国内外业界的高度重视。

由于甲壳质与壳聚糖无毒性、无刺激性，是一种安全的机体用材料。从甲壳质与壳聚糖的大分子结构上来看，它们既具有与植物纤维素相似的结构，又具有类似人体骨胶原组织的结构，这种双重结构赋予了它们极好的生物特性，例如它们与人体有很好的相容性，可被人体内溶菌酶分解而被人体吸收，是一种理想的高分子材料等。此外，还具有消炎、止血、镇痛、抑菌、促进伤口愈合等作用。

主要用途

（1）外科缝合线。理想的外科缝合线是：伤口愈合前能与人体组织相容而不破坏伤口愈合；愈合后不需拆除，能逐渐被人体吸收而消失。

将壳聚糖溶于醋酸—尿素混合物的水溶液中即得到纺丝溶液，纺丝溶液在氨气中成丝然后洗涤，得到一定抗拉强度及11%延伸率的纤维。该纤维不会对人体产生任何过敏性反应，可用作外科手术的缝合线，并且当伤口痊愈后无需拆除手术线。

外科吸收性缝合线品种十分有限，而且它们无法在酸、烷基锂和酶的环境下满足使用要求。甲壳质对烷基锂、消化酶和受感染的尿等的抵抗力比聚乳酸好。另外，甲壳质纤维的强度能满足手术操作的需要，线性柔软便于打结，无毒性，可以加速伤口愈合。甲壳质纤维可制成在体内被吸收的外科手术缝合线。

甲壳质外科缝合线在国外已进入实用化阶段。国内还处于积极研制之中，东华大学甲壳质研究课题组研制出的甲壳质缝合线经临床应用，效果良好，未发现有过敏、刺激、炎症现象，并具有止血、消炎、促进伤口愈合和愈合后伤口创面与正常组织相似等优点。

（2）人工皮肤。用甲壳质纤维制作人工皮肤，医疗效果非常好。先用血清蛋白质对甲壳质微细纤维进行处理以提高其吸附性，然后用水作分散剂、聚乙烯醇作黏合剂，用甲壳质、壳聚糖短纤维制成0.11厘米厚的无纺布可作为人造皮肤使用，无毒副作用，与人体亲和力好，对渗出液吸收性好，柔软度适宜，与创伤面密着性好，具有镇痛效果，再生的表皮表面光滑，创伤愈合后不用剥离，可反复使用。另外还可以用这种材料基体大量培养表皮细胞，将这种载有表皮细胞的无纺布贴于深度烧、创伤表面，一旦甲壳质纤维分解，就形成完整的新生真皮。这类人工皮肤在国外已商品化，并在整形外科手术中获得了一致的好评。用壳聚糖和磺化壳聚糖的混合物制成的伤口康复材料，对伤口区皮肤的再生有很好的效果。特别是用壳聚糖溶液制成的无纺布，透气、透水性极佳，用于大面积烧伤治疗取得理想效果；用于人造皮肤，无刺激和无过敏性反应，较常规疗法治愈速度快得多。

（3）医用敷料。甲壳质和壳聚糖纤维制成的医用敷料有非织造布、纱布、绷带、止血棉等，主要用于治疗烧伤和烫伤病人。该类敷料可以：①给病人凉爽之感以减轻伤口疼痛；②具有极好的氧渗透性以防止伤口缺氧；③吸收水分并通过体内酶自然降解而不需要另外去除它们（多数情况特别是烧伤，除去敷料会破坏伤口）；④降解产生可加速伤口愈合的N-乙酰葡糖胺，大大提高了伤口愈合速度。

甲壳素胶囊

（4）制备微胶囊。利用壳聚糖制造微胶囊进行细胞培养和制造人工生物器官是其重要的应用方面。借助于壳聚糖和羧甲基纤维素等制备的聚电解质微胶囊，使高浓度细胞培养成为可能。壳聚糖膜既可以避免微生物的污染，也容易对产物进行分离和回收。若作为药物载体，可大大提高药物的利用效率，延长药物的有效作用时间，充分减少其毒副作用。用壳聚糖作为微胶囊的壁膜，可增加微胶囊芯材的稳定性和生物利用率。制成的微胶囊颗粒在酸性介质中膨胀，并在胃内漂浮，在低pH值介质中形成凝胶层，而壳聚糖本身又具有抗酸和抗溃疡活性，因此，可用来防止药物对胃的刺激作用。壳聚糖已被用作制备维生素E、防UV化合物、蛋白质、胰岛素、防腐保鲜剂、酵母细胞等微胶囊的膜材料。另外，如在微胶囊中包封生物器官的活细胞，如胰岛细胞、肝细胞等可构成人工器官，这种微胶囊能有效阻止动物抗体蛋白，允许营养物质、代谢产物和细胞分泌的激素等生理活性物质

进出，保证了细胞的长期存活。

（5）智能药物。智能药物是20世纪80年代发展起来的一种新型、高效药物。由壳聚糖及衍生物形成的聚电解质膜是很好的智能药物的膜材料，用它制作的药物载体制成的智能药物在不同的病灶物理和化学信号（诸如温度、pH值、离子强度、光电、磁、化学物质、酶等）刺激下能脉冲释放药物。文献报道，用壳聚糖制作的智能药物微球已通过鉴定。

（6）制造人工器官。用壳聚糖经交联制成的膜，其通量较大，分离系数较高，化学稳定性和热力学稳定性均较好，在反渗透和超滤工业方面已获得应用。基于壳聚糖及其衍生物本身的特性和结构的特点，由它制成的医用分离膜，可以透过尿素等有机低分子有毒物质，同时无机离子及血清蛋白等有用物质则被截留，从而解决了长期使用的醋酸纤维素膜和铜氨纤维素膜等抗凝血性能和中分子量物质透过性差的缺点。用壳聚糖及N－酰化壳聚糖制成的人工肾透析膜已分别于1983年、1984年申请了欧洲和日本专利，同时这种膜能经受高温消毒，具有较大的机械强度，是一种理想的人工肾材料。甲壳质类膜在渗透汽化和蒸发渗透过程的应用研究也很活跃。

灿烂前景

自20世纪80年代以来，在全世界范围内掀起开发甲壳质、壳聚糖的研究热潮后，世界各国都在加大甲壳质、壳聚糖的开发力度。在美国、日本、韩国、印度、荷兰、挪威、加拿大、波兰、法国等都已能生产，日本走在各国的前列。研究表明，甲壳质不仅能根据结构上的相似性找到类同纤维素的用途，而且从氨基多糖的特点出发，能发现更多更具魅力的新用途。国际性的甲壳质科学会议自1977年在美国波士顿召开以来，又相继在日本、意大利、挪威、波兰、法国等国开会，2000年9月在日本召开第八届甲壳质/壳聚糖国际学术会议，发表的论文与产品的开发涉及医药、食品、功能材料、农业、纺织、印染、造纸、水处理、日用化学品等许多部门，甲壳质的生物医学功能应用是其特点，壳聚糖的螯合作用可有效地吸附或捕集溶液中的重金属离子和生物高分子；由壳聚糖制备的功能膜可使用在离子输送、血液渗析、过滤型人工肾及发酵工业中；用甲壳质还可作为外科手术缝合线和人造皮肤，以及各种医学敷料，柔软、机械强度高，容易被机体吸收，能用常规方法消毒及能长期保存；甲壳质也可用来作为缓释药物、激素等生理活性物质的载体；N－辛酰化和N－已酰化壳聚糖具有抗血栓性；硫酸酯化壳聚糖具有抗凝血性和解吸血中脂蛋白的活性。同时，甲壳低聚糖对多品种水果、蔬菜、粮食等作物进行大田试验，在抗病虫害和促进生长方面有着显著作用，用分子量为2000以下的壳聚糖溶液进行小麦、玉米、豌豆、棉株等拌种，可以防止地下霉菌对种子的危害，提高抗病能力，抗倒伏能力，增产可达10%～25%等。

综上所述甲壳质的制品拥有广阔市场，具有显著经济效益、社会效益和环境效益。甲壳质化学与生物医学功能的开发，已引起人们极大关注，它定将成为21世纪高新技术的新型功能材料。

胰岛素

胰岛素是由胰岛β细胞受内源性或外源性物质如葡萄糖、乳糖、核糖、精氨酸、胰高血糖素等的刺激而分泌的一种蛋白质激素。胰岛素是机体内惟一降低血糖的激素。胰岛素于1921年由加拿大人班廷和贝斯特首先发现。1922年开始用于临床，使过去不治的糖尿病患者得到挽救。

利用生物工程技术，获得的高纯度的生物合成人胰岛素，其氨基酸排列顺序及生物活性与人体本身的胰岛素完全相同。胰岛素能促进脂肪的合成与贮存，使血中游离脂肪酸减少，同时抑制脂肪的分解氧化。胰岛素能促进全身组织对葡萄糖的摄取和利用，并抑制糖原的分解和糖原异生，因此，胰岛素有降低血糖的作用。

丝素蛋白纤维

蚕丝用作手术缝合线，已有很长的历史，但把它作为生物医学材料来研究，还是20世纪后期的事。蚕丝有“纤维女皇”之美誉，如果它又能成为一种生物医学材料，那它就不仅带给人舒适和美丽，而且有益人的健康。

蚕吐丝时将其由绢丝腺生成的蚕丝蛋白质，压向前部，通过吐丝管，再经其头部摆动的牵伸作用，不断吐出蚕丝，并靠外围的丝胶黏合形成茧层，从而将蚕体保护于茧子中，并化为蛹。有人认为，正是因为要起这种作用，故要求构成茧层的蚕丝对生物体能很好地适应，并有保护、防御的功能，如能遮盖紫外线，能防水，但又透湿等。

蚕 茧

蚕丝（茧丝）的主要成分是蛋白质，其外围是丝胶蛋白，约占1/4；内部是丝素蛋白（或称丝心蛋白），约占3/4。还有一些其他物质，如蜡、糖类、色素及无机成分，但这些物质含量很少，总计也仅占3%左右。所以经过一定的处理后便能容易得到相当纯净的蚕丝蛋白。用作医学材料的主要是丝素，很自然地也有人注意到了丝胶，以后它也可能会被人充分利用。

关于丝素蛋白的结构、性能与其形成条件的关系，国内外已有很多研究。丝素蛋白作为生物医用材料，许多研究表明，它具有很好的生物相容性和优良的物理、化学性能，而且它可以多种形式（如粉末、凝胶、膜、纤维等）加以应用。用丝素研制创面保护膜、人工皮肤、人工血管、软性隐形眼镜、药物缓释材料及在组织工程中用作细胞培养支架等。

主要用途

（1）丝素创面保护膜。当人的皮肤因烧伤或创伤而缺损时，人体的天然保护屏障消失，一方面会使体液渗出，体内蛋白质和电解质大量流失；另一方面，还会引起细菌感染，严重的甚至导致创面脓毒症及全身侵袭性感染，从而危及人的生命，故应尽快覆盖创面。在治疗中，对浅度烧伤创面，覆盖保护膜后可促进愈合；对深度烧伤创面，能起保护作用，使患者安全度过危险期，等待植皮。

根据上述要求，曾有多种创面覆盖物问世。但在使用中发现，由合成高分子材料制成的创面覆盖物柔韧性好，具有一定的透水、透气性，但它与创

抗菌纤维丝

面的黏合性较差；天然生物材料虽然具有良好的柔韧性及一定的透水、透气性，但其来源有限，不易贮存，并具有抗原性，而由其提取物制成的覆盖膜则柔韧性不够理想。

为此，对普通的丝素膜进行特定的物理和化学处理，制成了丝素创面的保护膜。电镜观察表明膜的组织结构均匀、无裂隙；X 射线衍射表明其结晶度很低。与断层猪皮对照进行的实验室性能检测表明，此膜除具有良好的透明度及柔韧性外，还有与断层相近的透水、透气性及自体皮相近的创面黏合性，这在人工单层覆盖膜中并不多见。动物试验结果表明，该膜没有毒性及过敏反应。医院临床试验表明，它对烧伤层具有良好的疗效，并能减轻创面因浅表神经暴露受到刺激而引起的疼痛。另外，由于该膜完全透明，覆盖创面后能观察到膜下创面的变化及其愈合过程，给临床治疗及研究提供方便。

（2）作为生物传感器。生物传感器是包括密切联系的生化换能器和物理换能器的体系。其生化换能器所含生物组分可以是酶、组织、抗体/抗原及类脂体等。它们具有高的选择性（如酶的专一性催化反应、抗体和抗原的专一性反应等），是生物传感器的关键部分。以丝素为载体的生物传感器中研究和应用最多的是酶传感器。

丝素膜是一种优良的酶固定材料，它的优点是不需要任何交联剂，只需通过物理和化学的处理，例如改变温度、溶液的 pH 值，溶剂或进行拉伸等就可以完成固定化，因此减少了酶的失活，扩大了酶活性的 pH 范围，提高了酶的利用效率；同时，丝素膜对大多数溶剂都相当稳定，具有一定的强度和弹性。当将葡萄糖氧化酶（GOD）固定到丝素膜上去时，GOD 只需通过拉伸便可固定在丝素膜上；另外，亦可采用将含有 GOD 的丝素与丝胶的混合物涂于蚕丝无纺布的表面而制成，然后与一个氧电极组合，就成为葡萄糖传感器，可用以测定糖尿病人的血糖值。

在丝素固定化抗体方面，可在丝素膜上采用盐酸活化交联法固定甲胎蛋白（AFP），将此法制得的膜片固定在氯化银电极上，可测得丝素抗体膜的膜电位；样品血清膜与阴性血清膜的膜电位与AFP的浓度成对数线性正相关关系，表明这是一种良好的非标定型免疫传感器。

此外，也可以将其作为药物的酶固定于丝素粉，病人服用后有利于药物有效成分的吸收。

（3）作为药物控制释放材料。随着医药科学的发展，人们逐渐认识到药物疗效和药物剂型之间的密切关系。在普通剂型难以满足高效、长效、毒副作用低、增加用药安全性等要求，而新的药物辅料（天然及人工合成聚合物）又不断发展的情况下，就出现了缓释制剂。

采用环氧化物乙烯乙二醇和甘油醚作为交联剂可制得交联的多孔丝素水凝胶。用它包埋阳离子型、阴离子型及非离子型药物，并在不同pH值条件下进行药物释放实验，结果表明：当药物荷电与丝素膜荷电相同时，药物释放速度快；当两者荷电相反时释放速度慢；而非离子型药物的释放速度与溶液的pH值无关，仅与药物浓度有关，故此剂型具有一定的pH值应答功能。

另外，当改变丝素膜外部的pH值时，对离子化合物也可以调控其在膜上的透过速度。当丝素膜的荷电与药物离子荷电相同时，药物的渗透速度变慢；当丝素膜的荷电与药物荷电相反时，药物的渗透速度加快。

（4）丝素作为功能食品。作为一种蛋白质，丝素中含有的人体必需氨基酸并不多，但丝素中含量最多的氨基酸各有其特定的生理功能。据报道，乙氨酸、丝氨酸能抑制血中胆固醇增加，丙氨酸能促进酒精代谢，酪氨酸与防止痴呆症有关。在日本已有此种丝素食品，它们具有独特的风味。

灿烂前景

关于丝素蛋白的组成、结构和性能关系的研究，过去已有相当多的工作，但主要是以纺织纤维为目的的研究。把丝素视作一种有发展前途的生物医学材料来研究，还是从20世纪下半叶开始的事。虽然人们认识到丝素具有很好的生物相容性，但已开发成的产品现在还不多，基础研究也尚不充分。

另外，丝素蛋白的性能有其长处，也自有其短处，这点也是必须重视的。因此，对其进行改性工作，包括物理的、化学的（接枝、共混等），还有属于生物技术的方法。有人认为采用蜘蛛丝蛋白，性能比蚕丝丝素更好，但蜘蛛丝远不如蚕丝容易得到。因此采用生物技术并结合物理和化学改性，对丝素的分子进行设计，把丝素蛋白作为一种生物医用材料来深入研究和进行“改造”，达到造福人类的目的，其前景是十分美好的。

pH 值

pH 值是 1909 年由丹麦生物化学家索伦森提出。p 来自德语 Potenz，意思是浓度、力量，H 代表氢离子。pH 是溶液中氢离子活度的一种标度，也就是通常意义上溶液酸碱程度的衡量标准。氢离子浓度指数一般在 0 ~ 14 之间，当它为 7 时溶液呈中性，小于 7 时呈酸性，值越小，酸性越强；大于 7 时呈碱性，值越大，碱性越强。

pH 是衡量溶液酸碱性的尺度，在很多方面需要控制溶液的酸碱度。在医学上人体血液的 pH 值通常在 7.35 ~ 7.45 之间，如果发生波动，就是病理现象。在化工上很多化学反应需要在特定的 pH 下进行，否则得不到所期望的产物。在农业上很多植物有喜酸性土壤或碱性土壤的习性，控制土壤的 pH 可以使种植的植物生长得更好。

组织工程用纤维

随着生命科学、材料科学以及相关物理、化学学科的发展，人们提出了一个新概念——组织工程。它是应用细胞生物学和工程学的原理，研究开发修复、替代损伤组织和器官，重建其功能的一门科学。其基本原理是将体外培养扩增的正常组织细胞吸附于一种生物相容性良好并可被机体吸收的生物载体上形成复合物，将细胞—载体复合物植入机体组织、器官病损部位，细胞在载体被机体降解吸收的过程中形成新的具有形态和功能的相应组织和器官，达到永久修复创伤和重建功能的目的。组织工程的核心是建立细胞和载体构成的三维空间复合体。这一三维空间结构为细胞提供了获取营养、气体

交换、排泄废物和生长代谢的场所，也是形成新的具有形态和功能的组织、器官的物质基础。因此，组织工程研究的成败，支架是重要影响因素之一。组织工程支架材料除应具有良好的生物相容性、生物降解性、三维立体结构及相应的力学强度外，还应具有良好的表面活性，以有利于种子细胞的黏附，并为细胞在其表面生长繁殖、分泌基质提供良好的微环境。

随着组织工程学科的发展，对于组织工程支架材料的要求越来越高，而生物可降解材料是组织工程支架材料中研究较多的一类材料，它是一类生物相容性好，植入体内后能在体液、酶、细胞等的作用下发生降解，变成小分子物质被吸收或通过新陈代谢排出体外的材料。

理想的生物可降解材料应具有以下特点：

（1）良好的生物相容性。除满足生物医用材料的一般要求（如无毒、不致畸、不致癌、不致突变等）之外，还要利于种子细胞黏附、增殖，降解产物对细胞无毒害作用，不引起炎症反应，利于细胞生长和分化。

（2）良好的生物降解性。载体材料在完成支架作用后应能降解，降解时间应能根据组织生长特性进行人为调控，使降解速度能与细胞的增殖速度相匹配。

（3）具有三维立体多孔结构。载体材料可加工成三维立体结构，孔隙率最好达90%以上，具有较高的面积体积比，利于细胞黏附生长和新陈代谢、细胞外基质沉积，也有利于血管和神经长入。

（4）可塑性和一定的力学性能。载体材料应具有良好的可塑性，可预先制作成一定形状；应具有一定的机械强度，为新生组织提供支撑，并保持一定时间，直至新生组织具有自身生物力学特性。

（5）良好的细胞亲和性。材料应能提供良好的细胞界面，利于细胞黏附、增殖，更重要的是能激活细胞特异性基因表达，维持细胞正常表型表达。

（6）可消毒性。

研究的生物可降解材料的种类很多，如胶原、纤维蛋白、甲壳质及其衍生物、天然珊瑚等天然材料，聚乳酸、聚羟基乙酸、聚原酸酯等合成材料，以及复合支架材料。

人工器官功能纤维

人工肾

人工肾的种类大致可分为平板型、螺旋形、中空纤维型等多种。其中最主要的是中空纤维型人工肾，它是把几千根甚至更多根中空丝集束在一起制成的。人工肾是利用透析原理：病人的动脉血在中空纤维的中心流动，透析用的等渗溶液在中空纤维外壁流过，人体代谢的废物如尿素、尿酸、肌酐等借助扩散作用从血液中迅速通过纤维膜进入透析液，这样便实现了血液的净化。我国上海医疗器械研究所利用进口铜氨中空纤维及纤维黏合剂，成功制造出性能良好的中空纤维透析器。总的来说，人工肾中空纤维材质大部分是铜氨纤维，它是由醋酸纤维素脱乙酰制的再生纤维素，其次是聚丙烯腈、聚甲基丙烯酸甲酯、聚丙烯等。

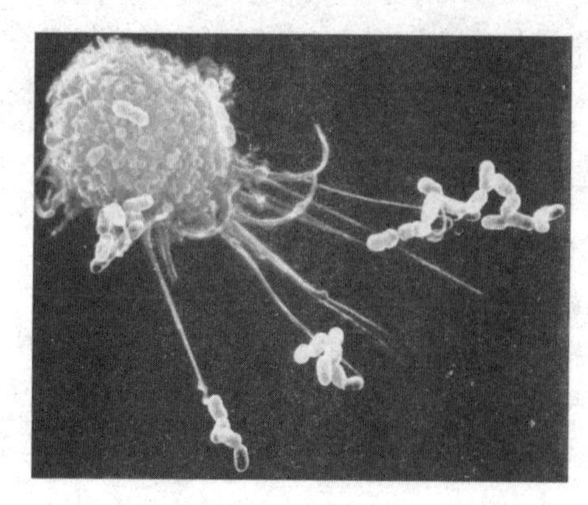

人工肾

人工肺

人工肺是一种气体分离装置，它的用途是在对人实行心脏手术时，代替正常的肺起呼吸器官的作用。人工肺的形式主要有 2 种：膜型（卷式）、鼓泡型。而膜型人工肺与人工肾相仿，由中空纤维制成。

人工血管

人工血管的发展已有几十年的历史了，能成功地用作人工血管的合成纤维主要是聚酯和聚四氟乙烯，此外还有聚乙烯醇、聚偏氯乙烯、聚氯乙烯、聚酰胺、聚丙烯等。对于直径 10 毫米以上的高血流量、没有关节屈曲部位的

动脉，进行人工血管的移植有良好的效果。对于直径在6毫米以下的动脉和静脉则移植效果较差，例如用聚酯、聚四氟乙烯、聚酰胺等制成的人工血管进行移植，血管闭塞率达50%以上。上海胸科医院用不锈钢环的聚酯人造血管进行动脉移植，以代替上腔静脉，既能防止移植血管受压，又可避免纤维本身收缩引起的狭窄，血管通畅率高，能长期满意使用。各种纤维材料人工血管的制造，原则上可使用中空纤维的纺制方法和工艺。

人工肝

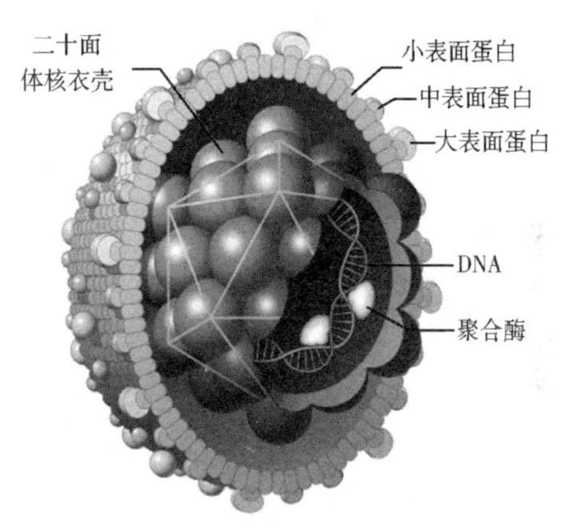

人工肝效果图

肝是人体中滤除毒素的器官，人体内的肝受损后，经过短期替代装置的代替，一般能恢复原有功能。常用的处理方法是使血液通过一种装有吸附剂的中空纤维管子、膜或床，以除去有毒物质。但此法主要问题是血液变性，血液不相容，低效率，颗粒状物质进入血液。近年来有关于人工肝的新型免疫屏障膜的报道，该膜由酰胺聚合物组成，含亲水与疏水微区，配体素样蛋白固定在内部多孔膜结构上。此种新型免疫屏障可以防止人体血浆成分对肝细胞所产生的直接细胞素性作用。

人工皮肤

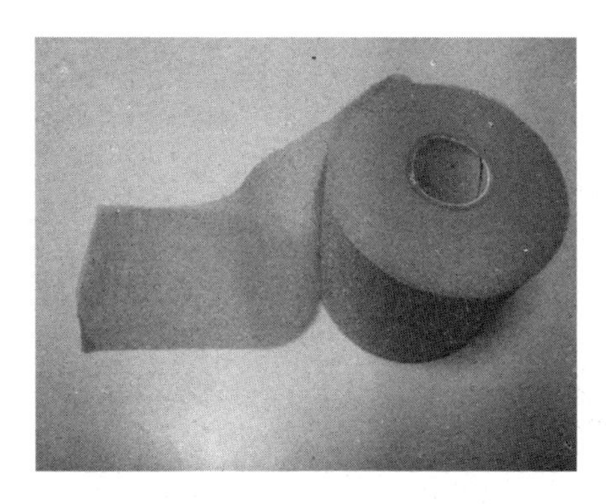

人工皮肤膜

人工皮肤是在治疗烧伤皮肤中的一种暂时性的创面保护覆盖材料，其主要作用有3个方面：①防止水分与体液从创面蒸发与流失；②防止感染；③使肉芽或上皮逐渐生长，促进治愈。

人工皮肤有纤维织物类和膜类等不同类型。纤维织物类人造皮肤的织物层系由聚酰胺、聚酯、聚丙烯等合成纤维材料制成，织物表面呈特殊的丝绒状或毛絮状，目的是使人体组织

可以长入其中并固定之。人工皮肤的基层由硅橡胶等材料制成，将表面层与基层复合后，再经抗生物处理，即可得人工皮肤。三层复合的人造皮肤，外面两层都用聚酰胺制成丝绒状，中间层是用聚氨酯、聚硅氧烷制成的，以防止细菌侵入和水分蒸发。这种结构与创面结合速度较快，结合强度高，治疗烧伤的效果极好。

亲水性与疏水性

亲水性指分子能够透过氢键和水形成短暂键结的物理性质。这种分子不只可以溶解在水里，也可以溶解在其他的极性溶液内。一个亲水性分子，是指其有能力极化至能形成氢键的部位，并使其对油或其他疏水性溶液而言，更容易溶解在水里面。

亲水性和疏水性分子也可分别称为极性分子和非极性分子。肥皂拥有亲水性和疏水性两端，以使其可以溶解在水里，也可以溶解在油里。因此，肥皂可以去除掉水和油之间的界面。

在化学里，疏水性指的是一个分子（疏水物）与水互相排斥的物理性质。疏水性分子偏向于非极性，并因此较容易溶解在中性和非极性溶液（如有机溶剂）里。疏水性分子在水里通常会聚成一团，而水在疏水性溶液的表面时则会形成一个很大的接触角而成水滴状。

各类高科技纤维

GELEI GAOKEJI XIANWEI

20世纪以来，随着科技的迅猛发展，各类高科技纤维层出不穷，它们在人类生活的各个领域大显神通，下面列举几个具有代表性的类别。

防护性功能纤维主要适用于各种特殊环境条件下，对人体安全、健康以及提高生活质量具有一定的保证作用。

物质分离功能纤维是高功能纤维中的重要门类，在全球生态环境日益恶化，资源逐步枯竭的严峻形势下，物质的分离技术在水处理和环境保护、生物技术与生物医学工程、资源回收及能源开发等方面日益显示出其重要作用。

功能性纤维作为一类重要的新材料，其概念、功能已逐渐扩展。如具有光、电传导功能的光导纤维、导电纤维和超导纤维这些传导功能纤维，以及具有超高吸水功能的超高吸水纤维等。

随着对材料特性，特别是功能纤维新材料特性认识的深化和全面应用，20世纪80年代以来，形状记忆纤维、变色纤维、调温纤维等一类新颖的高科技纤维新材料——智能纤维，它能够感知环境的变化或刺激，并做出响应。因其具有传统材料所不具备的某些优异特性和特殊用途，因此近年来日益受到各界的青睐。

超导纤维

自从超导现象被发现以来，超导材料的研究就一直是被关注的焦点。在各种超导体被陆续发现的同时，其成材研究和应用探索也取得了长足的进展。超导材料要获得应用，首先必须成材为不同品种、不同规格的材料，而超导材料在其主要应用领域，即在强电领域的应用，通常要将其制成线材，因而产生了超导纤维。作为超导线材，超导纤维的制成，特别是20世纪90年代后期以来，高温超导线材产业化技术取得重大突破，很快形成产业化生产能力，极大地促进了超导应用技术的研究。

超导暖气片

超导纤维是超导电纤维的简称，是由超导体制成或所构成的纤维材料。众所周知，金属等导电材料在传导电流时，都会表现出对电流的阻碍作用，造成电能的损耗。1911年，荷兰物理学家卡茂林·昂尼斯首先发现了一个奇特的现象：汞的电阻在4.2K时会突然变为零。后来人们又陆续发现一些金属、合金和化合物等也具有这种现象，这就是超导现象。物质在超低温下，失去电阻的性质称为超导电性(超导性)，相应的具有这种性质的物质称为超导体。

超导体种类繁多，包括某些金属、合金、无机或有机化合物、氧化物陶瓷以及高聚物等。超导体在电阻消失前的状态称为常导状态，而在电阻消失后的状态称为超导状态。超导体要被冷却到一定温度才能由常导态转变为超导态，这一转变温度被称为临界转变温度，它是衡量超导性能的重要指标之一。

超导导线的一个主要特点是无电阻，如果用超导导线输电，输电损耗问题可望从根本上得到解决。超导导线的另一个特点是其所能通过的电流密度

要比普通的铜导线高 50～100 倍。这样用超导导线制成的电器，会比普通导线制成的电器体积小、重量轻、效率高。超导导线的上述特点可在许多产品中得到应用。作为超导线材，超导纤维具有广阔的应用前景。

超导纤维的主要应用之一是超导磁体。超导磁体体积紧凑而重量轻，当它处于超导态时，可承载巨大的电流密度，用它制作绕组不需铁芯，故超导磁体小而轻。其次超导磁体的耗电量很低。同时，超导磁体系统容易获得高的磁场。超导线圈可用于：高能物理受控热核反应和凝聚态物理研究的强场磁体；核磁共振装置上可以提供 1～10T 的均匀磁场；制造发电机和电动机线圈；高速列车上的磁悬浮线圈；轮船和潜艇的磁流体和电磁推进系统等。电能可以用很多方法储存，在超导磁体中也可以储存巨大的能量，只要将超导闭合线圈保持超导态，它所储存的能量就能无损耗地长期保存。故可利用超导线圈作为储能器，平时不断地逐步将电磁能量储于其中，一旦需要时，既可以让其缓慢地释放能量（如可用作电网峰值负载补偿或发生故障时供电），也可以让其脉冲式地瞬间释放其能量（如激光武器中）。超导纤维还可以用于磁共振成像仪（MRI）超导磁体，医疗诊断用超导磁共振成像仪是已商品化的超导产品，至今营业额已达 20 多亿美元。

超导管太阳能热水器

超导纤维因其优异的导电性能，最大的应用在电力行业。但传统的低温超导材料需要用液氦冷却，制冷方法昂贵且不方便，所以低温超导材料产业化虽已几十年，而其应用长期以来得不到大规模发展。高温超导材料摆脱了昂贵的液氦，可以用液氮冷却，液氮的价格很低（每升几元人民币），制冷的开销已能被大多数用户所接受，这就为超导技术的大规模应用提供了不可缺少的前提。20 世纪 80 年代中期以来，为了加快其应用步伐，特别是在电力方面的应用，各国投入了大量的人力和资金进行高温超导材料产业化技术研究。90 年代后期以来，高温超导线材很快形成产业化生产能力，并进入了商业化阶段，发达国家政府和跨国公司大规模地开展了超导应用技术研究，输电电缆、变压器、故障电流限制器电机等大部分应用产品已开发出样机，并进行了应用试验。

高温超导电缆的使用，将从根本上解决了常规输电电缆所无法解决的损耗大、容量小、土建费用高、占地面积大及对环境的潜在污染等问题。

超导变压器由于体积只有常规变压器的 40% ~50%，同时效率有很大提高，由 92% 提高到 98% 及以上，因此特别有望用于铁路牵引系统。

超导限流器是利用超导体的超导态—常态转变的物理特性来达到限流要求，它可同时集检测、触发和限流于一身，被认为是现今最好的而且是惟一的行之有效的短路故障限流装置。

超导锅

近些年来，我国在高温超导线材及其应用研究方面也取得了长足的进步。如 2001 年 4 月，清华大学应用超导研究中心研制出数根长度超过 300 米（最长 503 米），综合性能指标达到世界先进水平的 Bi 系高温超导线材；2001 年 12 月 1 日，北京英纳超导技术有限公司年生产能力为 200 千米的高温超导线材生产线正式投产，使我国成为世界上为数不多具有高温超导线材生产技术及产业化生产能力的国家之一。国内已在加紧开展或筹划输电电缆、大电流引线、故障限流器、磁共振成像和磁悬浮列车等项目的研究。

超导纤维，特别是高温超导线材的应用范围十分广阔，在包括发电机、电动机、变压器、电缆、限流器、储能器、磁分离器、核磁共振成像仪、核磁共振谱仪、高能加速器、核聚变装置、磁悬浮列车、磁流体推进装置、滤波器、电磁炮、扫雷器等众多产品中，随着其逐步应用，这些产品的性能将得到大幅度的提高或根本的改善。

高温超导线材的应用在世界范围内正在受到政府和企业界的高度重视，

正进一步加大投入，开始了以商业化产品为目标的新一轮研究与开发。可以说，超导技术正处在大规模产业化的前夜。21世纪的超导技术如同20世纪的半导体技术，将对人类生活产生积极而深远的影响。

光导纤维

光通信的线路采用像头发丝那样细的透明玻璃纤维制成的光缆。在玻璃纤维中传导的不是电信号，而是光信号，故称其为光导纤维。远距离通信的效率高，容量极大，抗干扰能力极强。

现代科学创造的奇迹之一，是使光像电流一样沿着导线传输。不过，这种导线不是一般的金属导线，而是一种特殊的玻璃丝，人们称它为光导纤维，又叫光学纤维，简称光纤。

光导纤维

1870年，英国科学家丁达尔做了一个有趣的实验：让一股水流从玻璃容器的侧壁细口自由流出，以一束细光束沿水平方向从开口处的正对面射入水中。丁达尔发现，细光束不是穿出这股水流射向空气，而是顺从地沿着水流弯弯曲曲地传播。这是光的反射造成的结果。

光导纤维正是根据这一原理制造的。它的基本原料是廉价的石英玻璃，科学家将它们拉成直径只有几微米到几十微米的丝，然后再包上一层折射率比它小的材料。只要入射角满足一定的条件，光束就可以在这样制成的光导纤维中弯弯曲曲地从一端传到另一端，而不会在中途漏射。科学家将光导纤维的这一特性首先用于光通信。一根光导纤维只能传送一个很小的光点，如果把数以万计的光导纤维整齐地排成一束，并使每根光导纤维在两端的位置上一一对应，就可做成光缆。用光缆代替电缆通信具有无比的优越性。比如20根光纤组成的像铅笔尖细的光缆，每天可通话7.6万人次，而1800根铜线

光导纤维灯

组成的像碗口粗细的电缆，每天只能通话几千人次。光导纤维不仅重量轻、成本低、铺设方便，而且容量大、抗干扰、稳定可靠、保密性强。因此光缆正在取代铜线电缆，广泛地应用于通信、电视、广播、交通、军事、医疗等许多领域，难怪人们称誉光导纤维为信息时代的神经。我国自行研制、生产、建设的世界最长的京汉广（北京、武汉、广州）通信光缆，全长 3047 千米，已于 1993 年 10 月 15 日开通，标志我国已进入全面应用光通信的时代。

光纤传导光的能力非常强，能利用光缆通讯，能同时传播大量信息。例如一条光缆通路同时可容纳 10 亿人通话，也可同时传送多套电视节目。光纤的抗干扰性能好，不发生电辐射，通讯质量高，能防窃听。光缆的质量小而细，不怕腐蚀，铺设也很方便，因此是非常好的通讯材料。许多国家已使用光缆作为长途通讯干线。我国也开始生产光导纤维，并在部分地区和城市投入使用。随着时代的进步和科学的发展，光纤通讯必将大为普及。

光纤除了可以用于通讯外，还可以用于医疗、信息处理、传能传像、遥测遥控、照明等许多方面。例如，可将光导纤维内窥镜导入心脏，测量心脏中的血压、温度等。在能量和信息传输方面，光导纤维也得到了广泛的应用。

光纤传输有许多突出的优点，主要体现在以下几个方面：

（1）频带宽。频带的宽窄代表传输容量的大小。载波的频率越高，可以传输信号的频带宽度就越大。在 VHF 频段，载波频率为 48.5 兆赫兹 ~ 300 兆赫兹。带宽约 250 兆赫兹，只能传输 27 套电视和几十套调频广播。可见光的频率达 10 万吉赫兹，比 VHF 频段高出 100 多万倍。尽管由于光纤对不同频率的光有不同的损耗，使频带宽度受到影响，但在最低损耗区的频带宽度也可达 3 万吉赫兹。单个光源的带宽只占了其中很小的一部分（多模光纤的频带约几百兆赫，好的单模光纤可达 10 吉赫兹以上），采用先进的相干光通信可

以在3万吉赫兹范围内安排2000个光载波，进行波分复用，可以容纳上百万个频道。

（2）损耗低。在同轴电缆组成的系统中，最好的电缆在传输800兆赫兹信号时，每千米的损耗都在40分贝以上。相比之下，光导纤维的损耗则要小得多，传输波长1.31微米的光，每千米损耗在0.35分贝以下。若传输波长1.55微米的光，每千米损耗更小，可达0.2分贝以下。这就比同轴电缆的功率损耗要小1亿倍，使其能传输的距离要远得多。此外，光纤传输损耗还有2个特点，①在全部有线电视频道内具有相同的损耗，不需要像电缆干线那样必须引入均衡器进行均衡；②其损耗几乎不随温度而变，不用担心因环境温度变化而造成干线电平的波动。

（3）重量轻。因为光纤非常细，光纤芯线直径一般为4～10微米，外径也只有125微米，加上防水层、加强筋、护套等，用4～48根光纤组成的光缆直径还不到13厘米，比标准同轴电缆的直径47厘米要小得多，加上光纤是玻璃纤维，比重小，使它具有直径小、重量轻的特点，安装十分方便。

（4）抗干扰能力强。因为光纤的基本成分是石英，只传光，不导电，不受电磁场的作用，在其中传输的光信号不受电磁场的影响，故光纤传输对电磁干扰、工业干扰有很强的抵御能力。也正因为如此，在光纤中传输的信号不易被窃听，因而利于保密。

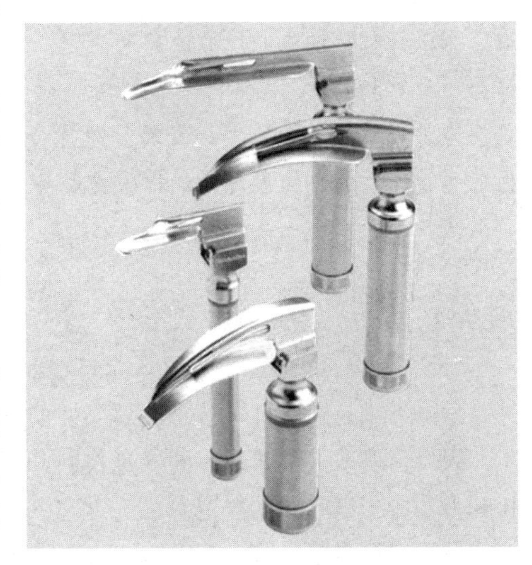

光导纤维喉镜

（5）保真度高。因为光纤传输一般不需要中继放大，不会因为放大引入新的非线性失真。只要激光器的线性好，就可高保真地传输电视信号。实际测试表明，好的调幅光纤系统的载波组合3次差拍比C/CTB在70分贝以上，交调指标cM也在60分贝以上，远高于一般电缆干线系统的非线性失真指标。

（6）性能可靠。一个系统的可靠性与组成该系统的设备数量有关。设备越多，发生故障的机会越大。因为光纤系统包含的设备数量少（不像电缆系统那样需要几十个放大器），可靠性自然也就高，加上光纤设备的寿命都很长，无故障工作时间达50万~75万小时，其中寿命最短的是光发射机中的激光器，最低寿命也在10万小时以上。故一个设计良好、正确安装调试的光纤系统的工作性能是非常可靠的。

知识点

传导纤维

传导功能纤维是一类具有特殊功能的纤维材料，它主要是指光导纤维、导电纤维和超导纤维。这些功能纤维材料是许多当代新技术，如信息技术、隐身技术、能源技术、激光技术、海洋工程技术等领域的一类重要材料，可以说是一些新技术革命的先导。光导纤维使古老的纺织工业和新兴的信息产业建立了密切的联系，光导纤维的应用和推广带来了信息传输领域内一场革命。导电纤维可解决纺织品的静电问题，也已经应用在电磁波污染防护领域，作为隐身材料已成功应用于军事隐身技术。20世纪70年代初，超导纤维的制成有力地促进了超导技术的发展，超导纤维已广泛应用于超导磁体和超导电力应用技术研究，高温超导线材的发展将开创电力生产和分配的新纪元。

导电纤维

导电纤维是随着科学技术的发展，要求纤维材料具有传导电的功能而产生，现今已发展为可通过不同导电材料和制备技术使导电纤维多品种、多结构和多功能，以服装的静电释放为起点，用途不断拓宽，并渗入到智能服装和隐身技术等尖端领域。

导电纤维品种较多，难以简单而明确地加以分类，但可按导电成分及其在纤维中的分布状态综合分为金属纤维、碳纤维、非导电聚合物导电成分包覆型纤维、非导电聚合物导电成分复合型纤维、导电聚合物包覆型纤维、导电聚合物复合型纤维和结构型导电聚合物纤维等。最早的导电纤维是由金属

通过纤维化而制成的导电纤维，主要有不锈钢纤维、铜纤维、铝纤维和镍纤维等。金属材料纤维化的方法主要有拉伸法、纺丝法、切削法、螺旋线法和结晶析出法等。

导电纤维具有导电、抗静电、电热、反射和吸收电磁波、传感等多种功能，在许多领域已实际应用并具有诱人的应用前景。

导电纤维丝

导电纤维通过电子传导和电晕放电可消除静电，具有优异的远高于抗静电纤维的消除和防止静电的性能，在纤维中混入少量的导电纤维，就可解决织物的带静电问题。导电纤维的电荷半衰期很短，可在极短的时间内消除静电。导电纤维还具有防止吸附带电粉尘的功效，因此导电纤维可用作各种防静电、防尘制品的材料，如可制作防静电服装用于日常穿着，制作防静电工作服、地毯、手套、装饰织物、过滤袋及无尘服等，用于电子工业、精密设备、石油化工、生物工程、煤矿、医院、车船及粉尘处理等领域，制作除电装置，用于纤维、塑料、橡胶、造纸、印刷等制造和加工中消除静电干扰。导电纤维用作填充材料，可用于制造防静电、易爆环境使用的塑料或树脂基复合材料制品。用含有铜、锌等离子的导电纤维制作的织物，还具有抗菌效果。

随着电子工业、信息产业和高新技术的发展，电磁波的副作用日益凸显，电磁波污染已越来越受到人们的关注。电子仪器设备、精密电子元件、电讯发射装置等在使用或运作过程中有可能作为发射源造成空间电磁污染，或成为接收源受到外界电磁干扰。导电纤维具有良好的反射或吸收电磁波的特性，可用作各种场合的电磁屏蔽材料。用导电纤维可制作经常近距离使用各种家电者的服装及从事雷达、通信、电视转播、医疗等工作人员的工作服，可有效防止电磁辐射。导电纤维填充塑料可制作电讯、电脑、自动化系统、工业及消费用电子产品等领域中的电器产品的电磁屏蔽外壳以及中、高压电缆中使用的半导电屏蔽材料。用导电纤维制作的织物可用作电子仪器设备的电磁屏蔽覆盖物。导电纤维也是航空、航天部门重要的电磁波屏蔽材料。电磁屏蔽是防止军事秘密和电子信号泄漏的有效手段，它也是21世纪“信息战争”的重要组成部分。导电纤维，尤其是导电聚合物纤维与高聚物复合可构成轻型、高屏蔽效率和力学性能好的电磁屏蔽材料。导电纤维可构筑军事电磁屏蔽墙。用导电聚合物纤维编织军事用的迷彩盖布，利用其导电性和半导体性，反射或吸收电磁波，可以干扰敌方的电子侦察。

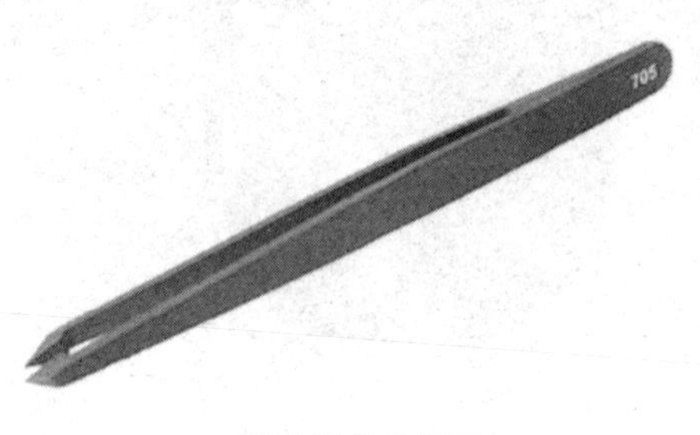

导电纤维头镊子

随着纳米技术和自组装技术等的发展，碳、金属和导电聚合物纳米管，金属、半导体和导电聚合物纳米纤维，以及导电聚合物分子导线相继出现，甚至采用半导体纳米纤维开发了单电子元件。这些纳米管、纳米纤维和分子导线将是未来导电纤维的尖端材料，它们将使微电子技术实现由纳米材料和分子材料替代传统半导体材料及电子工程向分子工程的过渡，也是理想的航空航天材料、隐身技术材料及极端条件下应用的先进材料，在未来的高尖端技术领域中将发挥不可限量的作用。因此，导电纤维具有巨大的潜在应用前景。

超高吸水纤维

超高吸水纤维，通常简称为超吸水纤维，是一类具有奇特的吸水能力和保水能力的纤维新材料。它是继超吸水树脂之后，根据使用者将超吸水粉末演变成纤维状形式的要求而发展起来的特殊功能纤维，其吸水倍率比常规合成纤维大几十倍，甚至上百倍。与已有的超吸水树脂相比，超吸水纤维具有比表面积大（可达普通粉状树脂的8倍）而吸收速度快（仅15秒就可达到95%的饱和吸收率），赋形性好而易于加工，产品柔软、物理机械性能好而使用方便，且不易脱落、迁移堆积和僵硬等优点。此外，作为纤维材料，它兼具阻燃、抗静电、抗起球、防霉、抗菌、除臭、吸湿放热、防寒保暖及适于

人体的pH值缓冲性等优良调节（调温、调湿、调和）功能。因此，超吸水纤维在许多领域具有超吸水树脂不可替代的广泛用途。

国内外虽早已成功开发了超吸水树脂，并实现了大规模产业化，但已有的超吸水树脂因大分子间已发生交联，故不能用于成纤。超吸水纤维的制备必须从分子结构设计入手，采用先成纤、后交联的技术途径。迄今已披露的生产超吸水纤维的技术路线主要可归纳为3种：①将腈纶纤维水解亲水化，并予以交联；②用添加交联剂的异丁烯—马来酸酐共聚物的水溶液干法成纤和热交联处理；③丙烯酸系共聚及共混物的水溶液干法成纤和热交联处理。后两种技术路线即先合成具有优良流变性能并含有潜在交联基团的超吸水成纤共聚物原液，而后通过干法纺丝和热交联处理得到超吸水纤维。其中第③条技术路线具有生产成本低、产品性能好，且可根据不同用途，通过单体配比而调节产品性能指标等优越性。

超吸水纤维与粉末、颗粒状超吸水树脂相比具有多方面的优点，不仅可用于卫生、医疗、纺织与服用等领域，而且在一些发达国家现已成为信息产业不可缺少的材料，市场潜力巨大。日本、美国以及欧洲等发达国家和地区已将其广泛应用于光缆和电缆包覆阻水材料、卫生和医用材料、工业过滤除水材料、包装材料等多种系列用途。超吸水纤维作为20世纪90年代中期才投放市场的新型材料，许多潜在用途尚待开发，随着对其研发的不断深入，其应用领域将越来越广，市场需求将逐年增长，市场前景十分乐观。

超吸水防滑地垫

超吸水材料由粉末、颗粒状升级到纤维形态，从材料本身、后加工制造，到吸液制品均体现出较多优越性，从而使应用领域大为拓展，市场前景更为广阔。纤维状超吸水材料可以和其他纤维相混尤显其特别用途，且易于通过纺纱、织造或非织造加工制成类似纺织品的吸液制品。超吸水纤维一般采用与丙纶、涤纶、尼龙、粘胶纤维等混纤，通过气流成网、梳理成网、湿法成片，经热轧黏合、针刺，或通过纺纱等途径制成平面无纺织物或包缠和精纺纱，用于终端用途。通过控制超吸水纤维与其他共混纤维的比例，可以调节终端产品的物理机械性能、吸水性能、密封性能、通透性能等。其主要用途有光缆及电缆阻水材料、密封堵漏材料、过滤干燥材料、卫生与医用材料、包装材料、农林园艺保水材料、混凝土养护材料、消防材料、防结露材料、氨或胺吸附材料、离子交换材料，调温、调湿和调和功能的“调节功能”材料等，因而可广泛应用于卫生、医疗、纺织与服用等领域。

超吸水纤维已经或正在开发的实际用途可举例如下：

（1）超吸水纤维过滤器可滤除气体、溶剂、燃油和其他有机液体等流体中的水分，并且有去除固体和水的双重功效。随着超吸水纤维吸水溶胀，过滤器孔隙度降低、背压增加，因而可实现过滤器的自动切换。采用超吸水纤维较粉末的最大优点是，其不易于结块堵孔，因而过滤效率高，使用寿命长。

（2）用于婴儿尿布、成人失禁吸垫和妇女卫生巾等卫生产品的芯材，可以高含量地混入超吸水纤维而制得薄且高吸收性的产品。产品在贮存、运输和使用过程中，织物结构中的超吸水纤维不易脱落和迁移。产品受压时，超吸水纤维不会刺穿被覆膜，并且产品不易于僵硬。

（3）用于地下光缆和电缆的阻水，超吸水纤维纱线、绳或带可有效解决水从外皮渗入问题。与超吸水树脂层压带相比，其吸水溶胀速度快，凝胶强度高，凝胶一体化性（黏结性）好，密封阻水效率高。

超吸水浴巾

（4）用于鱼、肉类包装吸血片，织物中的超吸水纤维不易因迁移而可能污染包装产品。

（5）用于食品（如水果）和仪器设备等的包装容器衬材，防止因结露而变坏或腐蚀。

（6）用于床、托盘、宠物篮上的吸液片。

（7）用于窗和其他冷表面的结露吸条。

（8）用于室内墙纸、天花板，防止环境过湿而产生结露。

（9）家庭、医院和工业用途的高吸液性用即弃揩布。

（10）用于含危险流体的注射器等垃圾的容器衬里，防止焚烧前危险流体的泄漏。

（11）遇水流体而自动密封阻水的防护服装。

（12）无纺布用于水流体的溶胀型密封衬和密封垫。

（13）纱线用于管螺纹密封，密封效果远大于麻线和 PTFE 带。

（14）纱线织物用于法兰接口密封，在蒸汽系统中使用一年也不漏。

（15）农林、园艺用各种保湿织物。

（16）用于冷冻运输货物的吸液垫。

（17）用于需保湿运输货物（如鲜花）的包装。

（18）消防用浸水灭火、防火织物。

（19）吸收创面渗出液的医用敷料，防止血液浸入的手术服，防止血液溢流的术后用垫，以及医用引流袋、污物处理袋。

（20）用于高温作业服，吸湿、防臭、抗菌鞋垫和袜子，抗静电工作服、地毯等。

就我国国内的市场前景而言，据业内人士预测，我国超吸水纤维规模化投产后的几年内，在光、电缆阻水包覆材料，卫生和医用材料，过滤干燥材料及包装材料等用途方面，超吸水纤维的用量将达 1 万吨/年以上。我国飞机燃油过滤除水的滤芯 100% 依赖进口；光缆阻水材料还基本使用超吸水粉末“夹心型”层压带，而发达国家已采用超吸水纤维制品替代之，因此，尤其是在飞机等的燃油过滤除水和光缆阻水方面，市场潜力巨大。

总之，超吸水纤维提供了以往超吸水材料不可能的使用方法及不可能的产品设计，不仅可为超吸水材料已有应用领域提供更高性能的应用产品，而且开辟了许多新的用途，不论是对于现有市场还是全新市场，超吸水纤维都具有十分诱人的前景。随着超吸水纤维加工技术和更新型纤维及其产品的开发，它还将用于一些潜在的特殊终端用途。

防紫外线纤维

近年来，由于森林破坏、环境污染导致大气中二氧化碳含量增加，全球气候变暖，臭氧层严重破坏，大量的紫外线透过大气层到达地面。紫外线对于人类及环境有有利的一面，它可以促进人体内维生素 D 的合成，防止软骨病的发生；植物可以利用其进行光合作用；一定的紫外光还有杀菌消毒的能力。但是过量的紫外线将直接威胁人体健康，尤其是危害人的皮肤。纺织品作为皮肤免受紫外线损伤的屏障，防紫外功能的研究在 20 世纪 90 年代随着人们对大气污染的重视也日益加强。聚酯纤维、羊毛、蚕丝因本身分子结构而具有一定的紫外吸收功能，而其他的纤维对紫外光几乎是 100% 通过。由于紫外辐射具有差异性，不同地区、季节、天气其辐射强度不同，不同年龄及肤色的人受紫外辐射的危害也不同，因此具有针对性的紫外屏蔽纺织品的研究越来越受到人们关注。随着人民生活水平的提高，防紫外纺织品的开发不应只局限于伞、帐篷等少数物品，应大力开发夏季的内外服装、泳装、袜子、运动服装、户外施工人员的工作服装、交通警察的制服、部队的军服等，还应开拓产业用纺织品市场，如军用防护品、工农业和商业用遮阳篷盖布、包装袋、体育馆的顶篷用布等。需要结合最终产品的特点进行合理设计，最大限度地满足其舒适性、卫生性、实用性和防紫外性的需求，使各种类型的防紫外产品有各自的特点。

防紫外线帘

防紫外线织物的应用目标是以衬衣、罩衣、裙装为主体的夏日女装。年轻的女士非常喜爱这类产品，以避免强烈的紫外线晒黑自己的皮肤。不仅是服装，遮阳帽、高筒袜等也因附加防紫外线功能而备受欢迎。与此同时，防

紫外线织物也被应用于制作男装，诸如衬衣、短裤、夹克衫、T 恤衫等。体育运动服是防紫外线织物的重要应用方面，它能减轻阳光紫外线对运动员身体的损伤。防紫外线职业服装更具有实用价值，比如，农业作业服、渔业作业服、野外作业服等，它能使烈日下工作的人们得到皮肤防护。对于日照比较强烈的国家，格外需要白色防紫外线织物，如中东地区就从日本大量进口这种织物制作阿拉伯服，澳大利亚也为保护皮肤而对防紫外线织物极感兴趣，欧美也在掀起防紫外线织物热。其他方面，如窗帘、广告布、日光伞、帐篷用布等都对防紫外线性能提出了很高的要求，这些应用领域尚在不断开拓中。开发防紫外线功能与热辐射遮蔽功能相结合的夏日凉爽织物，将会具有很好的发展前景。

紫外线的危害

紫外线是位于日光高能区的不可见光线。依据紫外线自身波长的不同，可将紫外线分为三个区域，即短波紫外线、中波紫外线和长波紫外线。紫外线对人体皮肤的渗透程度是不同的。紫外线的波长愈短，对人类皮肤危害越大。短波紫外线可穿过真皮，中波则可进入真皮。

紫外线强烈作用于皮肤时，可发生光照性皮炎，皮肤上出现红斑、痒、水疱、水肿等；严重的还可引起皮肤癌。紫外线作用于中枢神经系统，可出现头痛、头晕、体温升高等。作用于眼部，可引起结膜炎、角膜炎，称为光照性眼炎，还有可能诱发白内障，在焊接过程中产生的紫外线会使焊工患上电光性眼炎。

防辐射纤维

1895 年，法国科学家伦琴发现了 X 射线，这一现象揭开了 20 世纪物理学革命的序幕，引发人们围绕这一发现展开了一系列研究工作，其后科学家将这一射线应用于医疗诊断、物质结构分析和材料内部探伤等领域，推进了科技的发展。20 世纪 30 年代英国科学家查理威克发现了中子，促成了原子弹、氢弹、中子弹的出现。其后开辟了和平利用原子能的道路，世界上 30 多个国家和地区相继建成了数百座核电站，并形成了中子辐射测量、中子辐射医疗、中子辐射育种等新技术。

防辐射纤维丝

电磁波的发现更早，19 世纪末俄国科学家波波夫和意大利科学家马可尼利用电磁波通信先后获得成功，开创了人类利用电磁波的崭新时代。历经 100 余年的发展，电磁波的应用已日益广泛，不仅应用于电话电报、录音录像、广播电视等信息传递，而且应用于遥感导航、监测测量等技术手段，特别是电脑的普及、无线通信的推广和互联网的使用，这种电磁波应用已成为人类生活不可缺少的组成部分。

人类发现的电磁波已成一个连续的谱线，按照电磁波谱分析，波长小于 1.0×10^{-7}米的电磁波为电离辐射，其中依波长从大到小又分为 X 射线、γ 射线、快中子射线，其能量在 12 电子伏特以上；波长大于 1.0×10^{-7}米的电磁波为非电离辐射，如紫外线、可见光、红外线、微波段电磁波、射频段电磁波、工频段电磁波等，其能量在 12 电子伏特以下。在现代科学揭示的电磁波谱中，不同的波长呈现不同的物理效应。但是无论哪一种电磁波，在其造福人类的同时，也会产生危害环境、危害人体的负面效应。归纳这些危害，分为 2 类：①使生物体产生热效应，当其吸收量超过某一界限时，生物体因不能释放其体内产生的多余热量，致使温度升高而受到伤害。②相对于此，另一类危害是非热效应，生物体虽不产生升温作用，但能改变机体结构而造成功能紊乱，其累积作用会引发失眠乏力、神经衰弱、心律不齐、组织异变，以及诱发白血病、癌症等病变。

对于不同种类的射线辐射，危害各异，因而其防护方法不同，防护材料也各种各样，但都以屏蔽率作为防护标准。所谓屏蔽率是指射线透过材料后辐射强度的降低与原辐射强度之比，这一性能直接决定防辐射材料的可靠性。

针对辐射危害，防辐射材料是一个高新技术领域，防护用品层出不穷，国际竞争异常激烈。基于对人体的防护，在开发防辐射板材的基础上又开发了一系列纤维材料。这些新纤维有一定强度和弹性，易于织造、裁剪和缝制，可以制成罩布和服装，防护性能好，质量轻，柔性好，使用非常方便，因而备受推崇。

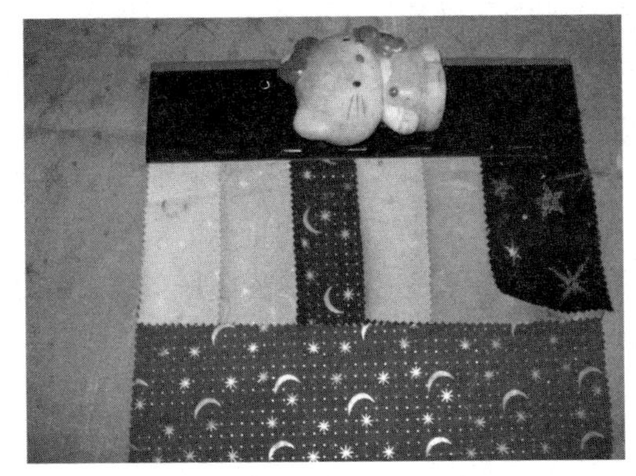

防辐射纤维面料

近20年来，随着现代科技的发展，防辐射问题已提到议事日程上来，各类防辐射纤维相继问世，归纳有防电磁辐射纤维、防微波辐射纤维、防远红外线纤维、防X射线纤维、防α射线纤维、防γ射线纤维、防中子辐射纤维等一些新材料，诸如防激光纤维、防宇宙射线纤维也正在开发之中。

防辐射纤维正在发展之中，有着良好的应用前景：

（1）战争对防辐射纤维仍是一种现实的需求。当今世界，尽管和平是人民的希望，但战争不可避免。诸多国家、集团之间的军事竞争表现为高科技的竞争，是非常激烈的。继原子弹之后有氢弹和中子弹出现，还有各式各样的新武器正在试制和改进。比如，用光束作为炮弹的激光武器，小则可以使人失明、致残和死亡，大则摧毁坦克、飞机和卫星；由高能粒子构成的粒子束武器足以穿透一般物体，可拦截多批多个目标；微波武器可以攻击指挥系统的电子设备，可以杀伤钢铁掩体下的作战人员；阳光武器可以巧妙地利用阳光造成对敌方阵地的破坏和干扰。基于这些武器的威胁力量，必定要有防范的手段和措施，包括防辐射纤维在内的防护材料将会应运而生。另外，军事所需要的电子通信仪器需要防辐射织物进行保护，以维持其正常运行；前沿阵地和军事设施为避免雷达系统的侦察，需要防辐射织物进行覆盖以达到隐蔽的目的；隐形武器多是在外壳上涂敷防辐射涂料和粘贴防辐射材料；红外伪装则是通过对红外辐射的反射以对付红外侦察和红外制导武器。在未来的战争中，辐射与防辐射是一种进攻与防守的较量，辐射侦察与防辐射侦察是一场相生相克的比试。毋庸置疑，战争对防辐射纤维有着极其现实的需求。

（2）产业应用方兴未艾。现代科技不断开拓出新的电磁辐射纤维应用领域。核电站的建立开创了和平利用原子能的新时代，其后核潜艇、原子破冰船的使用以及中子技术的推广都需防中子辐射材料用于设备和人员的防护。X光除用于工业探伤、医学透视之外，近年内又用作X射线摄影纱，将这种防辐射纤维纺入纱线制成纱布用于患者的开胸、开腹手术，在手术完毕而未缝合之前用X射线透视，因为防X射线纤维吸收X射线呈现暗影，从而可免除纱布块遗忘在体内的事故。纤维复合材料也同样掺入少量摄影纱，也可作为其结构和性能的示踪因子，这些作业也都需要防护。此外，微波加热、远红外加热可节省能源，使内部干透；微波驱动飞机依靠天线接收微波转换成驱动能源；还有电子束加工、等离子束加工、激光束加工等，都是材料加工的新技术，在化工、纺织、机械等行业已初露端倪。这些以辐射能源为特色的加工都需与之伴生的职业防护服。与此同时，工业应用的通信设施、控制系统，也需要防护电磁杂波的干扰，避免误动作，从而也是防电磁辐射织物的一个应用领域。

防辐射服

（3）人们日常生活的需求市场日益扩大。随着人类生活水平的不断提高，家用电器已大量涌入家庭，办公自动化设备大量进入办公室，电视、手机、电脑与人相伴，已到了密不可分的地步。在这些产品给人们带来便利和享受的同时，电磁辐射产生的问题也日益严重，已不容忽视。可以说，防电磁辐射材料的需求与日俱增，和薄膜、板材等材料相比，防电磁辐射纤维更贴近生活，它不改变纺织品原来的格调，却平添防护功能，因此备受青睐。这一新兴的市场，不仅是国外，即使是国内也已打开局面。

综上所述，从社会需求观察，防辐射纤维不仅在军事、国防、国民经

济相关产业的需求在较快增长，而且产品正在进入千家万户。

知识点

X射线

X射线由德国科学家伦琴于1895年发现，故又称伦琴射线。这是一种波长很短的电磁辐射，具有很高的穿透本领，能透过许多对可见光不透明的物质，如墨纸、木料等。它可以使很多固体材料发生可见的荧光，使照相底片感光以及空气电离等效应，波长越短的X射线能量越大，叫做硬X射线，波长较长的X射线能量较低，称为软X射线。

医用诊断X线机是医学上常用作辅助检查设备之一。临床上常用的X线检查方法有透视和摄片两种。透视较经济、方便，并可随意变动受检部位作多方面的观察，但不能留下客观的记录，也不易分辨细节。摄片能使受检部位结构清晰地显示于X线片上，并可作为客观记录长期保存，以便在需要时随时加以研究或在复查时作比较。

防静电纤维

静电现象是一种普遍存在的电现象，如今静电技术得到了广泛的应用，如静电除尘、静电分离、静电喷涂、静电植绒、静电复印等。同时，静电所产生的危害也是十分巨大的，石油、化工、纺织、橡胶、印刷、电子、制药、粉体加工等行业由于静电造成的事故也很多。日常生活中产生的静电有可能对人体产生危害，尤其是合成纤维的使用相当普遍，而合成纤维易产生静电，如何消除静电给人们生活及工作带来的不

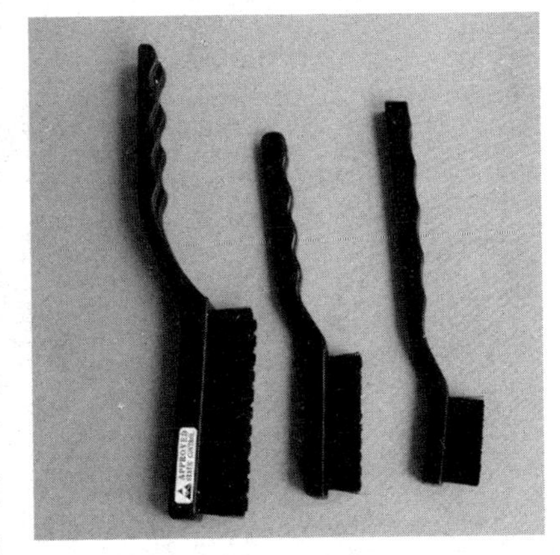

防静电纤维刷子

便成为一个新的研究课题。抗静电织物可用于人们日常穿着，也可制作成劳保防护用服在条件要求较为严格的工作场合使用。它的发展十分迅速，各国在这方面的研究取得了不同程度的进展。

对织物进行抗静电整理方法具有简单、见效快、投资少等特点，适应了纺织市场多变的要求，其抗静电整理有以下几点：

（1）抑制静电的发生量，即赋予纤维一定的吸湿性，使纤维的漏电量增大；

（2）增大静电的逸散量，即通过中和纤维表面电荷和依靠离子化，来提高纤维电导率；

（3）降低纤维表面的摩擦系数，抑制摩擦静电的发生。

经抗静电剂整理的织物可广泛用于各种用途，如内衣、外衣等，但由于使用性质不同，因而在对织物进行整理时应视其使用要求而有所侧重。对用于织物整理的抗静电剂有以下要求：

（1）抗静电效果较好，用量少，不受其他添加剂的影响，在较低的湿度环境条件下也能有较好的抗静电效果；

（2）不降低织物染色牢度，不改变其色相；

（3）基本不降低织物的物理性能和织物手感风格；

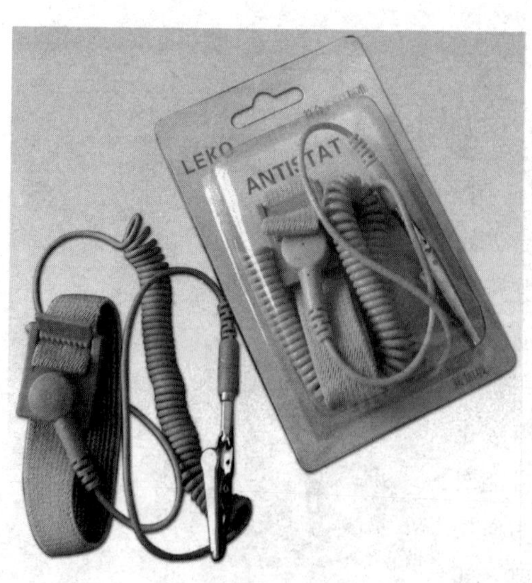

防静电手腕带

（4）不对加工设备产生不利影响，如生锈等；

（5）无异味，不刺激皮肤；

（6）具有适应织物用途的耐久性，耐热性能好。

织物抗静电整理通常有 3 种方法：

（1）浸轧法。织物浸渍抗静电浸渍液后通过轧辊挤、轧以控制其带液量，轧辊数目不同，可对织物进行多种形式浸轧。

（2）涂层法。利用涂层刮刀将含有抗静电剂的涂料刮涂

于布面。刮刀形状多种多样，通过选择不同刮刀，可获得不同厚度涂层薄膜。

（3）树脂法。对于非直接热熔树脂型抗静电剂可用上述浸轧、涂层方式固化在织物表面，直接热熔型树脂型抗静电剂要利用较特殊的设备进行直接热熔，而后固着在织物表面或采用层压方式形成一个连续性抗静电薄膜。

选择适宜的织物整理方法和效果较好的抗静电剂，使纤维表面形成均匀的抗静电薄膜或提高抗静电剂与纤维表面的黏结性能，促进整理剂向纤维内部渗透，就能获得耐久性较好的抗静电效果。

阻燃纤维

在现代社会人们的生产生活环境及日常用品中，纤维及纺织品的用量与日俱增，但人们使用的绝大部分纺织品都是没有经过阻燃加工的，近年来，不断有因纤维制品不阻燃而引起重大火灾，给人民生命财产造成巨大损失的报道。于是纤维与纺织品的阻燃改性受到了广泛的关注，国家关于纺织品的阻燃标准和法规逐步的建立和完善，促进了阻燃纤维与纺织品的研究、开发与应用。

各种不同的纤维与纺织品采用不同的阻燃元素，阻燃机理也不相同，主要有：

（1）覆盖层机理。指某些阻燃剂在高温下能与纤维表面形成玻璃状或稳定泡沫覆盖层，一方面可以阻止氧气的供应，另一方面阻止可燃性气体的逸出，从而达到阻燃的目的。例如：硼砂—硼酸是一种含有结晶水的低熔点化合物，在接近火焰时会很快熔融而覆盖在纤维表面，这种覆盖层对热很稳定，它隔断了保持继续燃烧所必需的氧气供应，从而使燃烧难以进行，属于这一类的阻燃剂有硼酸盐和某些磷化合物。

（2）产生不燃性气体机理。阻燃剂受热分解出不燃性气体，将纺织品分解出来的可燃性气体浓度冲淡到能产生火焰浓度以下。例如，卤素阻燃剂、铵盐、碳酸盐等受热分解会产生 NH_3、CO_2、HCl、HBr 等不燃性气体，它们冲淡了纺织品受热分解所生成的可燃性气体，使火焰中心氧气供应不足，并由于气体的生成和热对流，带走了一部分热量，起到阻燃作用。

（3）吸热机理。织物受热，阻燃剂和纤维在同样温度下分解，阻燃剂分解需要的能量高，就带走了织物上的热量，得到阻燃效果。另外，织物经阻燃整理后，遇热时能使表面热量迅速传走，致使织物达不到着火燃烧的温度。

(4) 催化脱水机理。阻燃剂在高温下，生成具有脱水能力的羧酸、酸酐等，与纤维及纺织品基体反应，促进脱水炭化，减少可燃性气体的生成。

(5) 自由基控制机理。有机物在燃烧过程中产生的自由基能使燃烧过程加剧，若用含卤素的有机化合物对织物进行阻燃处理，含卤化合物在高温下裂解成卤素自由基，它与氢自由基结合就中止了连锁反应，减缓了燃烧速度。

总之，阻燃剂的作用机理比较多，同一种阻燃剂对不同的纤维与纺织品的阻燃机理也不相同，有时是多种阻燃机理共同作用的结果。

防护纤维

从防护服，到航天中火箭的阻燃剂，防护纤维制品与人类生活密切相关。我国对于防护纤维的应用较早，如桐油布，人们最早拿它来做雨伞、雨衣等。随着经济及科技的高速发展，人民生活对纺织制品的一些特殊需求必然不断增加。纺织工业已由传统的局限在人体的保暖美观方面，逐渐扩展到赋予一些特定功能，防护纤维的高速发展已充分说明了这一点。

防护性功能纤维主要适用于各种特殊环境条件下，对人体安全、健康以及提高生活质量具有一定的保证作用。根据防护的功能不同可以分为防火隔热功能（如消防服、阻燃服、高温作业服等）、介质防护功能（对化学物质等防护）、射线防护功能（如辐射、微波、X射线等）以及静电防护功能等多种类型。

调温纤维

传统的纤维材料主要是通过其织物隔绝空气流通，即通过阻断织物的内外环境之间的热传递（热辐射、热传导和热对流）起到被动保温作用，而纤维自身不具有主动调节温度的能力。调温纤维就是具有温度调节功能的纤维，

当外界环境变化时它具有升温保暖或降温凉爽的作用，或者兼具升降温作用，可在一定程度上保持温度基本恒定。调温纤维按照其调温机理和作用，可分为单向温度调节纤维和双向温度调节纤维两大类。双向调温功能的纤维是一类较新型的、十分具有前景的智能纤维。

蓄热调温纤维的使用通常与其他纺织纤维相同，既可常规纺织加工，如纺纱、针织或梭织等，也可经非常规纺织方法加工，如非织造、层压等方法制成各种厚度和结构的制品。尽管蓄热调温纤维的加工与常规纤维没有明显区别，但其制品与常规纤维制品却有明显的差异，即它有随环境温度变化而在一定温度范围内自动双向调节温度的作用。

传统纤维纺织品的保温主要是通过绝热方法来避免人体皮肤温度降低过多，其绝热效果主要取决于织物的厚度和密度，而蓄热调温纤维纺织品除具有传统纺织品的保温作用外，还具有温度调节功能，它可通过热调节而不是热隔绝而为人体提供舒适的微气候环境。这种调温纺织品由于应用了相变材料，相变材料在发生相变时对外界环境吸收或释放热量，且在相变的过程中温度保持不变，因而这种纺织品不论外界环境温度升高还是降低时，它在人体与外界环境之间可建立一个“动态的热平衡过程”，起一个调节器的作用，缓冲外界环境温度的变化，即它除具有传统纺织品的静态保温作用外，还具有由于相变材料的吸放热引起的动态保温作用。

调温纤维织品

具体而言，蓄热调温纤维纺织品可保持人体表面小气候温度基本恒定的热效应体现在 2 个方面：①吸热降温效应，即当人体温度或周围环境温度升高时，吸收并贮存热量，降低体表温度；②放热保温效应，即当周围环境温度降低时，释放热量，减少人体向周围放出热量，以保持正常体温。因此，蓄热调温纤维尤其适合用于各类自动调温服装，如T恤衫、衬衣、连衣裙、内衣裤、睡衣、袜和帽等日常民用服装；手术衣、烧烫伤病员服、老弱病人服和儿童服等医疗保健服装；滑雪衫、滑雪靴、手套、游泳衣、体操服和极地探险服等运动服；消防服、炼钢服、潜水衣、军服和宇航服等职业服装内衬等。如用于运动服装，当人体在剧烈运动状态时过量的热量被吸收贮存，而在休息或静止状态时，热量又被释放回人体，因此可以避免人体出现高温现象，并且可以及时调节人体与外界环境之间的温差，使人体体温处于一种相对的恒定状态，从而在运动时不感到热，停止运动时不感到冷。

蓄热调温纤维还适合用于：膝盖护垫、医疗绷带、头盔内衬等局部保护或医疗用品；被褥、枕芯、床单等床上用品；窗帘、沙发套、靠垫等室内装饰品；车顶、坐椅等部位的汽车内织物和野营帐篷等。也可以用作：动植物、精密仪器等的保护材料，使其免受环境温度剧烈变化的影响；自动调温房屋的建筑材料，使其在冬夏均保持适宜的工作温度，以及其他贮热节能和温度调控材料。

蓄热调温纤维的开发应用已获得突破性的进展，其许多制品已先后成为工业化产品进入市场，特别是自动调温服装等产品，有的公司的市场销售额每年以相当高的速度增长，成为令人瞩目的新兴高科技产业。近年国内外已开发许多新型高分子固—固相转变材料，如我国开发出聚乙二醇/纤维素共混物等高分子固—固相转变材料，如果这些高分子材料能够成纤，可作为基材直接加工成纤维，则将进一步拓宽蓄热调温纤维的制造技术和应用领域。可以预料，在世界范围内，蓄热调温纤维材料和技术将作为一个新的产业领域得到迅速的发展。

除以上介绍的智能纤维外，还有诸多已开发的其他智能纤维，如在外力作用下可产生电荷的压电纤维；当温度改变时而产生电荷的热电纤维；受阳光或灯光照射后，可以积蓄光能并在暗处可以发光的蓄光纤维；既不让细菌任意繁衍，也不杀死全部细菌的可控抗菌纤维；在光调节下有特定生物活性的可逆“开关”光控生物活性纤维等。

形状记忆纤维

形状记忆纤维，简单地说，就是具有记忆纤维初始形状的功能。第一次成形的具有一定初始形状的纤维，经二次成形变形后，当受到外界刺激时，能够恢复到初始形状。这类智能纤维主要可分为形状记忆合金纤维、形状记忆陶瓷纤维、形状记忆聚合物纤维、智能凝胶纤维等。

形状记忆合金纤维具有形状记忆、超弹性和减震三大功能，广泛应用于温控驱动件、温度开关、机器人、医学、饰品与玩具等方面。在工业上，利用形状记忆合金纤维的一次形状恢复，可用于制造宇宙飞行器，如人造卫星的天线、火灾报警器等；利用其反复形状恢复，可用于温度传感器、调节室内温度的恒温器、温室窗开闭器、热电继电器的控制元件、机械手、机器人等。

形状记忆合金纤维可作为能量转换材料，即利用形状记忆合金在高温和低温时发生相变，伴随形状的改变，产生很大的应力，从而实现热能与机械能的相互转换。

利用形状记忆合金纤维可制成温控弹簧，它集感知和驱动于一体，不需要分别安装温度感知元件与驱动器，而且可以和偏置的普通弹簧一起实现构件的双程运动，这种结构可用于汽车发动机的冷却系统自动控制装置及温控百叶窗机构等。

智能纤维

随着对材料特性，特别是功能纤维新材料特性认识的深化和全面应用，20 世纪 80 年代以来，形状记忆纤维、变色纤维、调温纤维等一类新颖的高科技纤维新材料——智能纤维正方兴未艾。智能纤维能够感知环境的变化或刺激，并做出响应。这些智能和特殊功能纤维由于具有传统材料所不具备的某些优异特性，在现代科学和技术领域具有一些重要的、特殊的用途，因此近年来在世界范围日益受到各界的青睐，它们的许多新品种也已经产业化，甚至实用化。智能材料是当今高技术新材料发展的主要方向之一，智能材料的出现是材料领域的一次飞跃。智能纤维作为一类重要的智能材料，已越来越引起材料界的广泛关注。

仿生纤维

近年来，生物技术在纤维制造技术上的应用日益受到科学家的关注。在天然纤维方面已采用基因技术成功研究开发了有色棉纤维，国内外均已产业化。近来有色羊毛也颇受关注。高感性纤维的核心技术是仿天然纤维技术，前面介绍的超细纤维，不仅是仿真丝的重要技术，也是仿天然皮革的重要材料。这里再介绍一种使用仿生技术研发的，适用于宇航服装，可作轻质防弹衣，又在生物医药和结构材料上甚有用途的，被称之为生物钢纤维的仿蜘蛛丝纤维，虽然尚不完全成熟，但前景是肯定的。

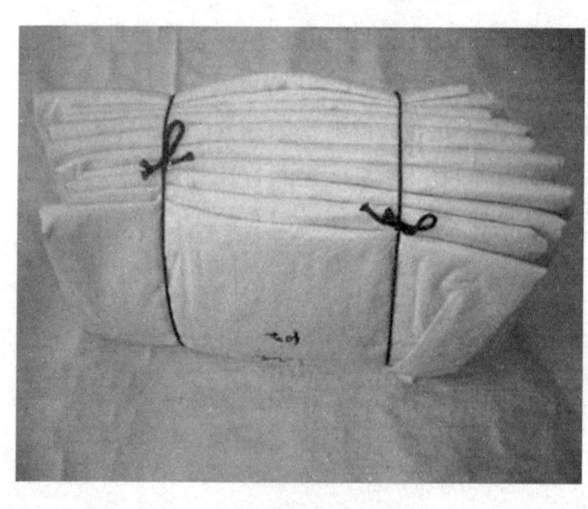

仿蜘蛛丝纤维织品

仿蜘蛛丝的研发是受天然蜘蛛丝的启发而来的，蜘蛛丝是已知强度最高的天然纤维之一，是一种特殊的蛋白纤维，它的强度与钢丝相近。蜘蛛丝平均直径为6微米。其力学性能优于任何一种天然纤维和现今生产的各种化学纤维。它具有强度好、弹性好、初始模量大，断裂功大等机械性能，伸长为30%，与天然蚕丝相当，吸水性与羊毛相当，它既耐高温又耐低温，在零下60℃的低温下仍具有弹性，因此专家认为“这是新一代的生物纤维材料，它将改变我们生活”。鉴于蜘蛛丝的特殊品质，早已引起科学家们的关注。早在18世纪初，第一双蜘蛛丝长袜和手套在巴黎的科学院展出，1864年美国又制成另

一双袜子，1900年巴黎世界博览会上展出了一块由2.5万只蜘蛛生产的10万码（1码约合0.9144米）24股（每只蜘蛛为一股）蜘蛛丝纺织成的18码长、18英寸（1英寸约合2.54厘米）宽的布。天然蜘蛛丝产量极有限，而且很难养殖，但鉴于蜘蛛丝是由蛋白质构成，是生物可降解的，科学家考虑，如果能够用人工方法大量而经济地生产这种纤维，必将对纤维和纺织业的发展产生深远的影响。美国、加拿大、德国和英国等发达国家已投入大量的人力和物力进行研究，并已取得相当的进展，对仿蜘蛛丝的研究，已成为当今国际纤维界的热门课题。

蜘蛛丝

近年来，英、美科学家研究已获重大进展，已初步揭开蛛丝的化学组成、分子结构和力学性能方面的秘密，破译了其全部基因，并运用DNA重组技术和转基因技术成功合成了蛛丝蛋白并纺成了纤维。1997年初，美国生物学家安妮·穆尔发现在美国南部有种名为黑寡妇蜘蛛能分泌出2种不同类型的丝用于织蜘蛛网。其中一种丝的强度超过其他蜘蛛丝的2倍；另一种丝，在拉断前很少延伸，但具有很高的断裂强度，比制造防弹背心的“芳纶”纤维的强度还高得多。为了获得“黑寡妇”蜘蛛丝蛋白，将基因注入奶牛的胎盘内进行特殊培育，等到奶牛长成后，所产下的奶中就含有“黑寡妇”蛛丝蛋白，再用乳品加工设备将蛛丝蛋白从牛奶中提炼出来，然后再纺成这种新颖纤维，既保持了牛奶纤维的精美和柔韧，其强度又比钢强度大10倍，因此被称为“牛奶钢”，也称生物蛋白钢。1999年起美国科学家利用转基因的办法，准备培养繁殖大量转基因奶牛，以满足大规模生产“生物钢”的需求，以便用以制造防弹背心、轻量型头盔、降落伞绳等。

加拿大的尼克西生物公司成功地利用转基因山羊羊奶制造出了少量蜘蛛丝，研究人员将蜘蛛体内产生蜘蛛丝蛋白的基因移植到山羊受精卵的细胞核内，培养出转基因山羊，这样转基因的母山羊在发育成熟以后产出的羊奶中便含有了蜘蛛丝蛋白，然后在羊奶中加入特殊的溶剂就能抽出与真正蜘蛛丝相媲美的纤维。而这种蜘蛛丝纤维在机械强度上可以与真正的蜘蛛丝相比，同样具有天然蜘蛛丝的韧性。据称每只山羊，每年可产 3.65 千克丝。该公司已用蜘蛛丝开发的工业和医药生物产品销售额，每年将达 1 亿美元。

仿蜘蛛丝织物

我国也在前几年开始了“生物钢”的研究，科学家成功地将“生物钢”蛋白基因转移到老鼠身上，并成功地从第一代小白鼠的乳汁中获得“生物钢”蛋白，不久将开始培养转基因奶牛。中国科学院上海生命科学、生物化学与细胞生物学研究所科研人员用“电穿孔”的方法，将蜘蛛和家蚕“结亲”，并获得成功，科学家们在小小的蚕卵中“注射”不同基因，使家蚕分泌出含有蜘蛛牵引丝的蚕丝，这将为我国发展“生物纤维钢”技术打下一个良好的基础。

由于仿蜘蛛丝有比芳纶还高的强度，蜘蛛丝有吸收巨大能量的能力，又耐低温，同时它又是生物可降解的、可循环再生的材料，因而世界各国普遍关注，用途比较广泛。

（1）在军事和航空航天领域方面：有蜘蛛丝做的防弹背心，比用芳纶做的重量轻、性能还好，也可以用于制造坦克和飞机的装甲，以及军事建筑物的“防弹衣”等，可用于航天航空器用的结构材料、复合材料和宇航服装等；

（2）在建筑领域：用做复合材料的结构材料，用于桥梁、高层建筑和民用建筑等；

（3）在农业和食品方面：可用做捕捞网具，代替造成白色污染的塑料等；

（4）在生物医学工程方面：尤其有广泛用途，由于蜘蛛丝是天然产品，又由蛋白质组成，和人体有良好的相容性，因而可用作高性能的生物材料，如人工筋腱、人工韧带、人工器官、组织修复、伤口处理、用于眼外科和神

经外科手术等特细和超特细生物可降解外科手术缝合线。

生物钢

1997年初，美国生物学家安妮·穆尔发现，在美国南部有一种称为“黑寡妇”的蜘蛛，它吐出的丝比现在所知道的任何蜘蛛丝的强度都高，引起科学家兴趣。

科学家想到让动物奶的蛋白基因中含有“黑寡妇”蜘蛛丝的蛋白基因，于是就先找山羊进行转基因的科学实验。让山羊与“黑寡妇”蜘蛛“联姻”，将蜘蛛蛋白基因，注入一只经过特殊培育的褐色山羊体内，在这只山羊产下的奶中，有大量柔滑的蛋白质纤维，提取这些纤维，就可以生产衣服。实践表明，由转基因羊奶纤维织出的布，比防弹衣的强度还大十几倍。科学家给这种物质取名叫“生物钢”，在于它不仅有钢铁的强度，还可以生物降解，不会带来环境污染。

弹性纤维

从20世纪80年代后期以来，消费者对服装穿着的性能和舒适性的要求越来越高。国际上已把弹力织物的流行数量，视作某个国家人民服饰穿着水平的标志之一。合成纤维中的高弹性纤维是随着国际上弹力服装流行而发展的，因为弹力服装能保形、伸缩自如，紧贴皮肤的弹力针织服装还能显示人体身段的健美。美国国内自产的服装总量中弹性程度大小不同的各种弹力服装占比接近30%。西欧、日本等也同样占一定比例，而且都呈继续发展之势。日本对弹力织物分为3种类型：①伸缩率在10%～20%者称为“舒适弹力织物”，多数是纬向有伸缩性，穿着时紧迫压力感较小，回复力好，主要原料用涤纶弹力加工丝或PBT，适宜用于男女衬衫、夹克衫、工作服、便服、制服、运动服、学生服等；②伸缩率在20%～60%者称为“行动弹力织物”，多为纬向有伸缩性，穿着时紧迫压力感也较小，回复力中等，主要原料用氨纶包芯纱、混纺纱或PBT作经编或纬编，多用于运动服、夹克衫、体操训练服等；③伸缩率在60%～200%者称为“高强弹力织物”，经纬两向都有可伸缩性，穿着时紧迫压力感较大，回复力较小，主要用料为氨纶丝或PBT，用作滑雪衫、运动服、妇女紧身衣、内裤、体操服、游泳衣等。由于弹力服装能提供适体的动作跟踪性，对于运动服和体操服尤为重要。

弹性女式圆领衫

使用的弹力纤维主要是聚氨基甲酸酯纤维，国际上通用的名称为“Spandex”，我国称为氨纶。国际上多个工业发达国家都有生产。我国在20世纪80年代末开始发展迅速，烟台为第一家。PBT学名为聚对苯二甲酸丁二酯纤维，是高弹聚酯纤维，它是1979年才开发成功的新型高弹纤维，与普通聚酯纤维不同的是，纤维大分子中不仅含有苯环和羧基等构成的共轭体，又有比普通聚酯纤维长的H链段结构，由于在大分子中引入酯链，故具有了较好的弹性。

弹性纤维，由于服用的舒适性，已成为当今消费者对服装的重要消费需求。除了氨纶外，锦纶丝、变形聚酯丝也可以有一定的弹性，新纤维PBT、PTT已在开发应用。

离子交换纤维

离子交换纤维（IEF）是一种纤维状离子交换材料。离子交换纤维的制备始于20世纪40年代，其本身具有固定离子及与固定离子符号相反的活动离子，当溶液中存在其他可离解的化合物时，活动离子即与溶液中的离子进行交换。离子交换纤维具有交换速度快，再生能力强，能耗低，流体阻力小等优点。通常具有导电、导热性能，干湿强度和韧性高，耐腐蚀，耐溶胀；此外，还能以织物形式使用，在工程应用上更为灵活和简易。离子交换纤维已广泛应用于废水、废气的净化及贵重金属及其他有用物质的回收，在环保领

域发挥着日益重要的作用。20 世纪 70 年代以来，苏联、日本等相继成功地开发出各种类型的离子交换纤维并实现工业化，它可以应用在传统材料所不能或很难起作用的领域，发挥其独特作用。

主要应用在以下方面：

(1) 净化和分离气体。

(2) 高纯水制备，工业废水净化与微量物质的富集。

(3) 在湿法冶金领域的应用，很有前景。

(4) 生化工程和天然产物的萃取。

(5) 在个人卫生及医用纺织品上应用日益广泛，也有用作防辐射纤维，通常是螯合铅离子。

(6) 其他还有作毡状人造土壤，可用于室内栽培花卉、远洋海轮等处种植蔬菜等。据介绍用 50 克左右这种材料填充一个花盆，只需浇水，不需换土，可连续使用 10 年。显然，离子交换纤维是有发展前景的。

分离技术

物质分离功能纤维是高功能纤维中的重要门类，在全球生态环境日益恶化，资源逐步枯竭的严峻形势下，物质的分离技术在水处理和环境保护、生物技术与生物医学工程、资源回收及能源开发等方面日益显示出其重要作用。由于传统的分离方法已达不到有关产业需要的要求或由于能耗过高而无实用价值，因而具有选择性分离功能的高分子材料应运而生，并在国际上迅速发展。

早在 200 多年前，人们就揭示了膜分离现象，然而，直到 20 世纪 60 年代，膜分离技术才进入工程领域，初步实现工业化，70 年代，随着膜分离装置的工业化生产，膜分离技术在各个领域中得到广泛应用。

精美绝伦的纤维艺术

JINGMEI JUELUN DE XIANWEI YISHU

纤维艺术，乃由英文“fiber art”直译而来。实际上“纤维”（Fiber）一词是近代科学领域中产生的新名词，是指天然的或人工合成的具有细丝状或呈线性外形结构的物质。包括：棉、麻、毛、丝和玻璃纤维、丙纶、腈纶、竹、藤、草等等。因此可以将它归纳为：纤维是一切呈线性物质的总称。

纵观纤维艺术的发展与形成，它是一种古老而又年轻的艺术形式，现代纤维艺术的历史并不长，从20世纪五六十年代开始，只有短短五六十年的时间，可是它的工艺手段和材质却与传统的纤维织造工艺（纺织工艺）、纤维手工艺（编织工艺）有着千丝万缕的联系，特别是与传统的壁挂艺术，更是有着无法割裂的关系，传统的壁挂艺术为纤维艺术的形成提供了坚实的基础。

纤维艺术以独特的艺术语言和形式在艺术世界中独树一帜，其无与伦比的表现技巧和形式的美感，极具视觉的冲击力、震撼力，其鲜明、强烈的艺术风格，形成强烈的艺术感染力。它以纤维材质为媒介，编织出艺术的光环，在公共环境中，它以巨大的魅力诠释出纤维艺术的创造性、艺术性和文化底蕴，折射出纤维艺术的光彩。

纤维艺术发展简史

纤维艺术是与人类生活息息相关的，它使用天然纤维、人工纤维、化学纤维、有机合成纤维，通过编、结、缠、绕、贴、扎、缝、染等综合技法构成软体或综合材料构成体。如编织品、装置软体等，统称为现代纤维艺术。它具有坚硬或柔软，沉静或跳动，影射或吸光，平直或曲隆，艳丽或暗淡，竖立和凹凸等不同的质感、肌理感、色彩感、状态感。这一门类在世界各地，称谓不同。在法国，把传统的和现代的织物艺术统称为壁挂；在美国，称作空间展示艺术，也有称之为纤维艺术的。随着织物构成领域的拓宽，我们把三维空间的编织造型称为软雕塑。

纤维艺术是备受国内外艺术界广泛关注的古老而又年轻的艺术门类之一。说它古老，是因为现代纤维艺术的发展始于传统的手工染织、编织工艺，在世界古代文明史上，纤维丝织独树一帜。公元前15世纪古埃及的亚麻壁毯是迄今发现最早的纤维艺术作品，而西亚的纤维壁毯纺织业比较兴旺，叙利亚曾经是壁毯纺织业的中心。中国有“丝国”之美誉，传统纤维丝织有着悠久的历史，品种繁多，技艺精湛。据古代文献和出土文物考证，我国最早采用的丝织材料主要是麻、葛纤维。发现最早的纺织品是江苏吴县草鞋山新石器时代遗址出土的三块葛布残片。这些葛布虽然质地粗糙，但却是纬起花的罗纹织物，花纹为山形和菱形斜纹、罗纹边组织。

纤维艺术作品

传统纤维艺术在中国艺术文明史上有着辉煌灿烂的一页。在中国5000年文明史上，有着一条重要的东西方文化交流之路、绿洲之路，它连接亚洲、欧洲，是一条文化、经济、科学与技术的大动脉。它的延续对东西方文化交流与发展产生深远的影响和潜在的推动作用，这就是著名的“丝绸之路”。在“丝绸之路”的文化交流中，有众多手工艺品。中国的纤维丝绸以其图案精美、巧夺天工的绣制赢得了世界各国的青睐。

夏鼐在《中国文明的起源》中说：“公元64年罗马帝国占领了叙利亚以后，中国丝绸很为罗马人所赏识。当时及稍后，罗马城中的多斯克斯有专售中国丝绸的市场。那时候的罗马贵族不惜高价竞购中国丝绸。”罗马人培利埃该提斯说：“中国人制造的珍贵的彩色丝绸，它的美丽像野地上盛开的花朵，它的纤细可和蛛丝网比美。”

我国古代技艺精湛的丝织手工艺品，经丝绸之路传入了东西方各国，对世界丝织技艺的发展起到推动作用。

除丝绸外，中国夏布也是极受国际市场喜爱的工艺品。它是以麻类为原料。我国古代种植的麻类，有大麻、苎麻、苘麻，都是优良的纺织原料。国际上把大麻称汉麻，苎麻称中国草。它们平滑而有丝光，质轻拉力强，吸湿快，易散热，染色容易而退色难。麻织成的夏布，清凉舒适。其工艺是采用水沤的方法使麻皮脱胶软化，将纤维分离出来再进行编织。麻、葛纤维要纺成线才能织布。长沙汉墓分别出土的木拈杆木纺轮、铁拈杆陶纺轮的纺锤，是最早的纺锤实物。但用纺锤纺织麻、葛，效率低、不均匀。手摇单锭纺车、脚踏纺车是我国古代纺织史的重要发明。

纤维艺术作品

我国还是世界上最早发明丝织技艺的国家。丝织技术细腻，工艺复杂。从蚕茧上把丝抽下，叫做缫丝。秦汉时采用织机，构造简单、原始，但已是当时世界上最先进的织机。要织造带有复杂花纹的织物，就要在织机上再加提花装置。河南安阳殷墟墓葬铜器上保留的丝织物痕迹，有平纹的绢，还有提花的菱纹绮。周代，已有多色提花锦。汉代的纺织技术很高，在丝

织方面，能织出薄如蝉翼的罗纱，而且能织出精致复杂图案的锦。汉代还能织出绒圈锦，花纹是由凹凸的绒圈组成，具有浮雕感。绒圈锦没有开毛，明以后才有了将绒圈开割起毛的漳绒、天鹅绒。南宋楼王寿绘制的《耕织图》中的提花机，机上有双经轴和十片综，上有提花工，下有织工。这是所见世界上最早的提花机图像。最具体完整的古代提花机形制，在元代薛景石《梓人遗制》和明代宋应星《天工开物》里都有记载和插图。

唐代，官府的纺织作坊分工很细，布、绢、纱、绫、罗、锦、绮等分别由专门的作坊来织造。丝织品的品种丰富，织造精巧。近代在我国西北地区出土的唐绫、锦，带有花草禽兽等图案，而带有西方风格的联珠对禽兽纹锦，更为突出，是中西文化交流的反映。

另外，传统地毯在我国纤维艺术上同样历史悠久。唐代著名诗人白居易在《红线毯》中写到“地不知寒人要暖，少夺人衣作地衣”。古代地毯被称为“地衣”、“毛席”。它最早出现在我国西部地区的一些游牧民族中，当时是用以防潮御寒的生活品。随着佛教传入西藏和北方草原，信徒们匍匐于地毯上，焚香拜佛，从而刺激了地毯业的发展。那种用杂色羊毛织成的拜佛垫，逐渐流传到我国草原地带。隋唐时期，地毯编织有了较高的技艺水平。而壁毯在当时也发展繁荣起来。中国唐代的缂丝壁毯传入了日本，收藏在日本正仓院的唐代织毯实物，就是一个明证。

考古发现且末县扎洪鲁克古墓出土的新疆毛织物，有印花毛布、绘花毛布、毛残片、丝织物残片、毛编物。在敦煌石窟，唐宋时代壁画中存有大量地毯的画面，技艺精美，色彩丰富，具有极高的观赏性和装饰性。由此可见，中国古代纤维艺术十分兴盛，并且经丝绸之路传入中亚、欧洲、非洲等地区。

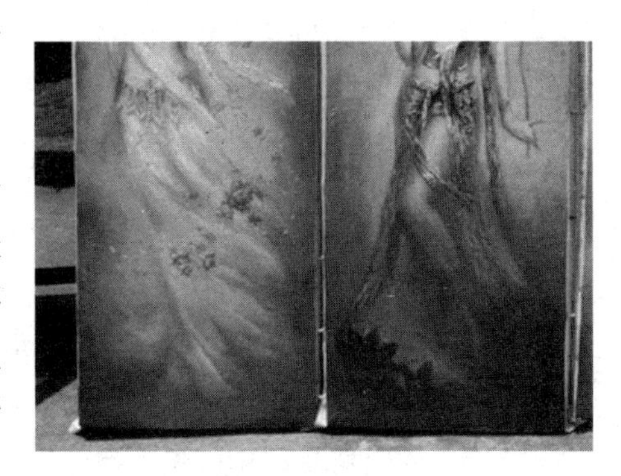

纤维艺术作品

进入 20 世纪 80 年代，现代纤维艺术在中国取得了飞速发展。美国女艺术家茹斯·高教授在 1981 年带领 15 个美国纤维艺术专业的学生来到中央工艺美术学院留学，敲开了中国现代纤维艺术的大门。从此，工艺美术界异常活跃，在本土文艺理论“百花齐放，百家争鸣”和外来的文化思潮引导下，纤维艺术迅速发展。国内纤维艺术作品，在构思形态、材料运用上，均发生了前所未有的变化。

中国美术馆于1984年举办了首届中国壁毯艺术展。在展览上，引起人们广泛注目的是江苏南通工艺美术研究所林晓、冷冰川为代表的作品，其材料使用相当广泛。1986年，瑞士洛桑国际壁毯艺术双年展上，展出了中国艺术家谷文达、梁绍基、施慧和朱伟的作品，第一次在洛桑展现了中国纤维艺术的风格，向世人阐明了现代纤维艺术的中国气派。

现代纤维艺术结合生态环境、建筑空间，运用现代设计思想和审美观念，以染、绘、喷、印、编、结、扎、缠、绕、贴和声光科技等装饰手法，创造出具有现代风格的纤维艺术品，其创作思路亦由单一模式向多元化复合型模式发展。这种文化蜕变的过程，亦是传统文化技艺与造型的蜕变，贯穿了现代纤维艺术创作的全过程。艺术家的再创作融入结构与材料，将旧有的观念转化为全然不同的造型、构图及表达方式的现代理念。

在世界范围内纤维艺术的发展，同人们的生活密切关联，无论在地球的东部，还是西部，在亚洲，还是欧洲、美洲和非洲，都呈现出不可逆转的态势。

欧洲的传统壁挂以戈贝兰式壁挂的编织技艺达到壁挂艺术史上的高峰，其构图繁密，色彩丰富，完全反映了绘画的画面效果。其技法的表现效果类似中国传统的“双面绣”。欧洲传统纤维艺术是在中世纪开始真正繁荣的，可以说是以北欧为代表，它运用了综合性技艺手法，进行综合性的选择及创造性的设计应用，涉猎其他方面，超出编织、染织的领域，拓宽了纤维艺术的空间。

现代纤维艺术是从欧洲和美国开始兴起的。美国艺术家在运用技法、开发新材料和新观念中汲取前人的经验，从土著的印第安人的传统文化中汲取营养。因为土著艺术家、编织者、制陶者、雕刻艺人、画家，他们保持着传统技法，承袭着传统文化。当然，当代艺术家在艺术上也有突破和变化，纤维艺术的造型结构和外观特征上，与传统的平面式壁挂作品完全不同，在纤维艺术界和造型艺术领域，“软雕塑”便应运而生，这类纤维艺术品的本质属性便是言简意赅。

安妮·艾伯斯是美国纤维艺术最早的倡导者之一。她曾执教于德国包豪斯学院，二战时，离开包豪斯，移居美国。她于1949年成为第一位以编织家

的身份在美国纽约现代艺术博物馆举办展览的艺术家，她倡导艺术家与编织工人的艺术创作应合为一体，著有《设计论》和《编织论》，提出了纤维艺术品应向二维的形态发展这一学术思想。60年代初，纤维艺术处于全盛时期。1962年在瑞士洛桑举办了首届国际挂毯双年展，在这届双年展上最能显示实力的是波兰艺术家。到1965年第三届双年展时，哥伦比亚、南斯拉夫、罗马尼亚、荷兰和美国的纤维艺术家也加入此行列，显示了同样前卫的艺术思想，展现了整体的艺术才华。

世界建筑的蓬勃发展，以纤维艺术为主的博物馆、美术馆、研究中心的建立，推动了纤维艺术兴旺发展。许多艺术家将纤维艺术引入到现代建筑环境中，迅速演绎为国际性室内装饰风格。法国艺术家让·吕尔萨在纤维艺术的创作上主张恢复编织艺术的本来面目，同时提出了纤维艺术品与建筑环境和谐共存的学术思潮。

在亚洲，二战后日本经济迅速崛起，各行业迅猛发展，纤维艺术也在成长与壮大。80年代中期，日本逐渐成为国际纤维艺术中心，世界纤维艺术的格局发生了变化。以日本为代表的古老而绮丽的东方编造艺术及其精美技法，材料的重新发现与工艺编织技法的创新变化，艺术家们赋予现代纤维艺术新的文化空间，构成了纤维艺术的新风格，异彩纷呈，令世界瞩目。与此同时，法国有一著名的高比林壁毯工厂闻名于世，并迅速成为法国文化艺术的代表之一，纤维艺术作品被法国各阶层广泛采用。法国的“国家协调者”组织属国有的运作机构，它注意调整艺术家与手工艺者之间的矛盾，从而使90年代纤维艺术在世界范围内蓬勃发展起来。作为一门独立的艺术，其在材料综合、技法拓展的基础上，更加倾向于艺术语言表现形式的发展。在现代纤维艺术创作中，装饰色彩与纤维材料、工艺技法、空间

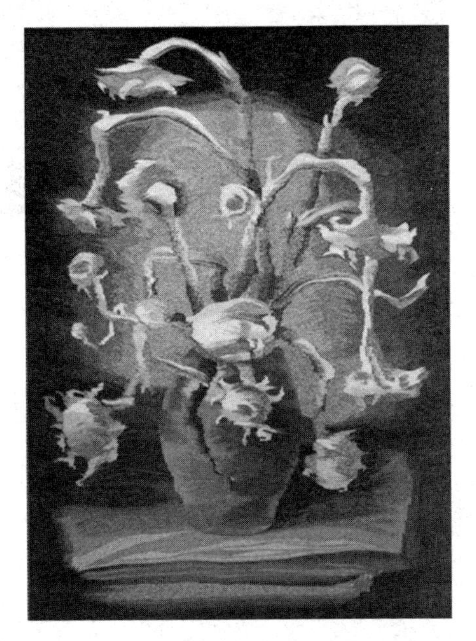

纤维艺术作品

造型构成了一个有机的整体，使现代纤维艺术魅力无限。

现代壁挂艺术是艺术家用自己的思维，面对织机、面对材料，按照自己的设计进行编织创作。它完全打破了传统工艺流程中由“绘画”到“织品”的复制，使艺术家直接同材料进行交流，使艺术家的创作思想直接在材料本身的质感、肌理表现、光线的选择等以及它的平面、二维或三维空间中得以展现。艺术家面对这些富有生命，富有感情的织料，亲身参与整个编织过程，好像绘画者拿起手中的画笔和颜料，而编织艺术家拿起纤维等材料，获得艺术灵感上的自由，积极投身创作当中。

纤维艺术作品

随着科技的高速发展和生活水平的日益提高，加之声光科技的运用，人们越来越走向精神需求的更高境界。为了适应时代的发展，不断发现、开创新的艺术观念，只有引导纤维艺术与环境的同化并将纤维艺术与环境意识同高科技手段融为一体，且赋予作品更多、更丰富的文化内涵，使纤维艺术更加贴近现代生活，才能使其更加具有自由而浑然的生命力。

纤维艺术用材

随着艺术观念的更新及科技的融入，现代纤维艺术材料的范畴十分宽泛。材料一直是纤维艺术家关注的焦点，材料的突破很大程度推动了纤维艺术的发展。纤维艺术材料可分为天然纤维、化学纤维等。

天然纤维

毛纤维

现代纤维艺术最常用的材料是动物毛纤维。它细软而富有弹性，强韧耐

磨，并具缩绒特性，是理想的编织原料。用于纤维编织的动物毛主要是绵羊毛，其次是山羊毛。绵羊毛和山羊毛的纤维呈波浪形卷曲，经疏纺捻纱后更易于染色与织作。羊毛织物天然毛色淳朴大方，染色的羊毛纤维织物具有温暖、厚重的特性，富有很强的亲和力。此外，毛纤维还包括驼毛、牛毛、马毛、兔毛等。羊毛经拣毛、洗毛、弹毛、纺毛等工序而成为毛线，其颜色分为白色与天然色。白色羊毛的染色与固色性能良好，使用酸性染料进行媒染或高温煮染，色彩丰富而柔和，经久不退。另外，羊毛本身所具有的天然色很多：棕色、棕黄、淡褐、褐黄、紫、紫黑、灰色、黑色等。

麻纤维

植物纤维材料在现代纤维艺术中的应用日益增多，尤以麻类纤维最受青睐。麻类纤维一般强度很高，拉力极强，对细菌和腐蚀的抵抗性能很高，抗弯刚度强，伸长率较小，黏着力小，不易腐烂，具有吸湿、快干和挺爽等特性。

麻纤维是从各种麻类植物取得的纤维，包括一年生或多年生草本双子叶植物皮层的韧皮纤维和单子叶植物的叶纤维。韧皮纤维主要有苎麻、亚麻、黄麻、洋麻、剑麻、罗布麻等。其中苎麻、亚麻、罗布麻等细胞壁非木质化，纤维的粗细长短同棉相近，可作纺织原料，织成各种凉爽的亚麻布、夏布，也可与棉、毛、丝或化学纤维混纺；黄麻、洋麻等韧皮纤维细胞壁非木质化，纤维短，只适宜纺制绳索和包装用麻袋等。麻类纤维还可制取化工、药物和造纸的原料。麻纤维具有韧性、强度高、染色能力低的特性。中国各类麻纤维资源丰富，其中苎麻尤为著名。

苎麻丝

丝纤维

丝纤维分桑蚕丝、柞蚕丝和绢丝3种类型。①桑蚕丝大都是白色，光泽良好、手感柔软；②柞蚕丝一般呈淡褐色，弹性好、光感强；③绢丝是经绢纺工艺特殊加工而成的真丝产品，具有光泽润美、质地细柔的特性。除蜘蛛丝只能天然成形不可染色外，其他丝纤细而柔软、平滑而富有弹性，染色能力强。用其做工精湛的丝织壁挂，给人以富贵、华丽、优美之感。

丝织壁挂

棉纤维

棉分为绒棉、木棉、白棉、黄棉和灰棉，其染色能力较强。棉纤维是传统的编织材料。纤维艺术家可以选择粗细不同的棉线作经线，棉线越细，挂得越密，织出的纹理与造型则越精细平整，反之则易表现较粗犷的肌理效果。粗长绒棉绳及布条经染色后织作的壁毯具有平整、轻盈之感。在现代纤维艺术作品中，棉布、棉线单独或与其他纤维混合被大量运用于作品的创作，充分显示出其特殊的材质美。

纸纤维

纸的原材料来自于植物纤维，它是从树木、芦苇、麻棉等植物中提炼并加工成的纸浆、纸张、纸绳等。纸不仅被广泛地应用在人们生活的各个方面，而且也是现代纤维艺术家新的表现媒材。无论是将液体形态的纸浆原料转化成固体形态的纸纤维造型，还是把现成品纸张改变成可视、可触

宣　纸

的艺术形象，都反映着纸纤维材料的特殊魅力。纸的种类也很多：皱纹纸、宣纸、牛皮纸、报纸、特种纸等，不同种类纸的质感各不相同，借助其特性运用于纤维艺术作品的表现，会给人们的感官带来不同的感受。纸纤维具有较强的可塑性，无论采用平面制作的方法，还是追求立体的视觉效果，纸纤维的制作过程都能让人们体会到艺术创作的材料没有贵贱之分、新旧之分，只要有好的创意，就能够将废旧材料“化腐朽为神奇”。利用废旧纸张（如报纸、杂志、画报、挂历、书本及各种包装纸）制作纤维艺术作品，其材料成本是最低的，能够让人们在减轻经济负担的同时充分发挥想象力。

宣　纸

宣纸起于唐代，原产地是安徽省的泾县。到宋代时期，徽州、池州、宣州等地的造纸业逐渐转移集中于泾县。当时这些地区均属宣州府管辖，所以这里生产的纸被称为“宣纸”。

宣纸具有“韧而能润、光而不滑、洁白稠密、纹理纯净、搓折无损、润墨性强”等特点，并有独特的渗透、润滑性能。写字则骨神兼备，作画则神采飞扬，成为最能体现中国艺术风格的书画纸，所谓“墨分五色”，即一笔落成，深浅浓淡，纹理可见，墨韵清晰，层次分明，这是书画家利用宣纸的润墨性，控制了水墨比例，运笔疾徐有致而达到的一种艺术效果。再加上耐老化、不变色、少虫蛀、寿命长，故有“纸中之王、千年寿纸”的誉称。19 世纪在巴拿马国际纸张比赛会上获得金牌。

化学纤维

化学纤维材料在现代纤维艺术中应用与科学科技的发展密切相关，各种高分子化合物的人造合成纤维，以其自身所特有的性能，丰富和扩展了纤维材料的领域。

化学纤维按原料可分为再生纤维（人造纤维）、合成纤维、半合成纤维和无机纤维。①再生纤维是以天然高分子化合物为原料，经化学处理和机械加工而获得的纤维；②合成纤维是利用煤、石油、天然气等低分子化合物为原料，先制成单体，再经过化学合成和机械加工而制得的纤维；③半合成纤维是以天然高分子化合物为骨架，通过与其他化学物质改变组成成分，形成天然高分子的衍生物而制成的纤维；④无机纤维是以玻璃、金属等无机物为原料，通过加热熔融或压延的物理、化学方法制成的纤维，如玻璃纤维、金属纤维等。

适于纤维艺术创作的化学纤维，主要有以下几种。

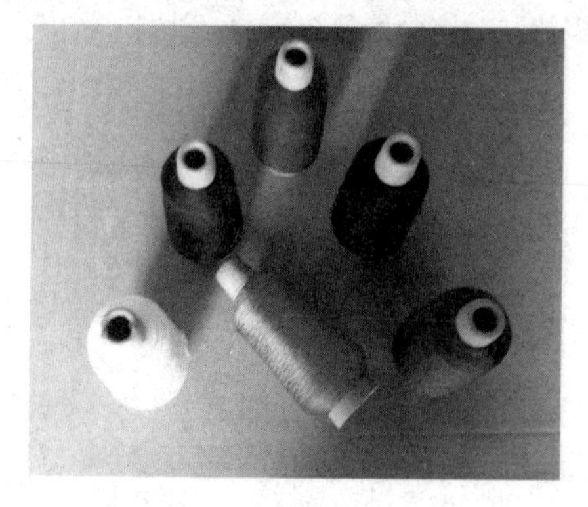

锦纶宝塔线

锦　纶

属聚酰胺纤维，其化学结构和性能与蚕丝相似，纤维强度是合成纤维中最高的，拉力大，耐磨性最好。国外有尼龙、耐纶、贝纶、卡普隆之称。锦纶吸湿性较好，染色性能好，可用分散性染料、酸性染料及其他染料染色。但其耐碱不耐酸，耐热性和耐光性差，遇热会发生收缩，日光下长时间暴晒会变黄和发脆。

涤　纶

属聚酯纤维，具有多种优质性能，易洗快干，回弹性好，织物具有抗皱性、耐热性高等特点。涤纶具有优良的定型性能，涤纶纱线或织物经过定型后生成的平挺、蓬松状态或褶皱等经多次洗涤仍经久不变。用聚酯薄膜通过镀铝、加颜色涂料等工艺而制成的涤纶金银线，其颜色丰富，如双色金银线、五彩金银线、彩虹线、荧光线等。

涤纶织带

腈　纶

属聚丙烯腈纤维，国外称其为奥纶。其以短纤维为主，纤维蓬松有卷曲，

类似羊毛，有“合成羊毛”之称，又俗称人造毛。它具有绝热性能，不易老化，手感柔软，保暖性好，色彩丰富艳丽，与羊毛混用可以起到画龙点睛之功效，在壁毯编织中被大量运用。

丙　纶

属聚丙烯纤维，其机械性能优良，强度、弹性、耐磨性等均接近于涤纶。它具有良好的阻燃性和绝缘性能，耐酸碱性、耐化学试剂性能都好于其他合成纤维。丙纶扁丝可代替麻类纤维用于包装材料、绳索等，因此在市场上人们很容易看到各种各样的丙纶绳索。

丙纶绳索

氨　纶

属聚氨酯（或醚）弹性纤维。氨纶耐光性、耐磨性及耐酸碱性能均优良，且耐老化、染色性能良好。很多艺术家利用氨纶的巨大弹性来进行空间造型设计，如氨纶布的运用，通过不同角度的拉伸与剪裁使其游走于空中，造型多变、线条简洁，为许多大型建筑空间营造了特殊的艺术氛围。

金银线

由铝、金、箔黏附在薄膜上而成，具有富丽堂皇的特点。在纤维艺术创作中多用于点缀或勾描细部。

有机胶片

是化学合成纤维，具有透光性强，可在其表面喷印、感光，在纤维艺术创作中可三维悬挂展示。

综上所述，各种化学纤维不仅具有耐热、阻燃、绝缘、防腐、隔音、保温、去污等方面的性能，而且大多有柔润光滑的表面和明艳的色彩。如果人们能够突破使用天然纤维的传统材质观念，充分利用各种人工化学合成纤维并发挥其特性，现代纤维艺术的创作一定会更加灵活，纤维材料的运用天地也会更为丰富与绚丽多彩。

纤维艺术特点

追求材质之美

纤维艺术中，“纤维”一词所指的材料首先给人的感觉就是条状或线状的物质，材料正是这门艺术真正的决定性因素，是与其他艺术门类区分和界定的一个依据，也是其主要的表现载体和内涵所在。现代纤维艺术创作以对材料的长期关注为起点，是一种材料的艺术。

传统的和早期的纤维艺术品追求绘画性，将一根根纤维仅仅作为画面“色”与“笔”的替代物，进行钩形铺色。这在某种程度上将编织技术推向了登峰造极的境地，但却限制了纤维材质的表现力。直到现代纤维艺术家们亲自参与或独立操作编织，在编织过程中亲自历验材料的性质，注重和表现不同材质本身具有的美，在制作上也以体现材质的特征美为目的，从而使得人们对纤维艺术品的关注由“画”转向了织品本身。

不同的纤维材料具有不同的弹性、自然形态、光洁度和质地，存在着粗与细、糙与滑、直与曲、杂与纯、明与暗、重与轻的不同特性，能对视觉形象和感情状态产生直接的影响。如：麻与丝相比，麻质地粗糙有厚重感，丝则细润有轻柔感；毛与丝网相比，前者质地轻软有温暖感，后者则质地光滑有冰冷感。深刻挖掘和利用这些材质之美，能够达到平常纹样之美无法企及的艺术境界，也是纤维艺术

纤维艺术作品

独特而又丰富的形式美语言。如现代纤维艺术的先行者，美国资深艺术家雷诺女士，于20世纪80年代初为纽约联合国大楼设计制作的巨型纤维艺术作品“白色飘动纤维”。这件艺术品从6米左右见方的屋顶向下垂直悬挂了无数条白色纤维，一束束的纤维随着微微轻风摆动，既轻盈又宽厚，既单纯又含蓄，它揭示了一种朦胧的和内含呈旋律状态的美的境界。

正确地运用材质的特性和对比关系可以激发欣赏者各种情感，或欢乐，或宁静，或安详，或激动，或空灵，或震动，给欣赏者带来丰富的审美感受，这正是纤维艺术魅力所在。因此，发现编织材料的自然美，并加以创造，成为现代纤维艺术的一个重要特征。

取材范围广

在纤维艺术中，艺术家将纤维定义为是一切呈线性物质的总称。从这方面看，现代的纤维艺术所使用的材料范围包括所有的线状材料，无论是天然的、化学的，还是人工制成的材料，甚至是硬朗的线性材料。这一概括也许有些夸大，但纤维艺术发展趋势却是如此，越来越多的反传统的线状材料出现在纤维艺术品中。

在艺术创作过程中，艺术家们总是不断突破已有的形式和内容，而且为了体现出与众不同，常常大胆尝试不同的材料，并将其巧妙地融入到创作之中，这就使纤维艺术的选材范围越来越广。传统的壁挂作品主要以自然纤维材料进行制作，如丝、毛、麻、棉等传统材料；后来发展到引进木板、竹条、人造纤维等材料的运用；现今纤维艺术品中，一些金属丝线、铁丝网、塑料、纸张、橡胶等新材料，乃至“现成品”布料亦参与其中，总之，纤维艺术无所不用、无所不包。每一种材料都有不同的物化形态和美学价值，能够直接或间接地触发设计者的艺术灵感，特别是橡胶、金属丝线、铁丝网、木板、竹条等具有韧性和一定硬性的材料的运用，给现代纤维艺术的发展提供了更为广阔的表现空间。如美国纤维艺术家南希的作品《金色的波》采用了羊毛、铜丝和粘胶纤维作为材料，拓展纤维的表现形态。现代纤维艺术在取材范围上的拓展，是现代纤维艺术追求材质美的表现，丰富了材质的种类就等于丰富了材质之美，丰富了纤维艺术的表现语言。

向空间伸展

与传统纤维艺术相比，现代纤维艺术的一个重要特征就是它可以离墙而独立存在，并且观看的方式不再局限于一个方向。传统的纤维艺术如地毯、壁挂等作品主要为平面作品，只从画面前方观看。但从20世纪60年代起，纤维艺术逐渐由平面发展到半浮雕（二维半空间），最后出现完全空间化的三维作品——“软雕塑”，具有柔韧性和弹性。软雕塑的出现，一方面是由于建筑装饰的需要，另一方面是艺术家们在探索材料与工艺的新运用过程中必然出现的产物。材料运用的广泛化，制作手段的多样化，使形态发生了变化，加上与建筑越来越紧密的结合，促使一些艺术家考虑作品整体对空间所带来的装饰效果。

丰富多变的工艺手法

缂织是传统纤维艺术主要的工艺手法，随着纤维材料的拓展、空间的伸展，工艺手法要与之相适应，就必须进行变革，其结果就是借鉴其他工艺手法，丰富完善自身。现代纤维艺术手法已经不再局限于编织、环结、缠绕、缝缀、拼贴，许多艺术家将染、绘、喷、印等工艺手段，甚至将科学技术引入到纤维艺术的创作领域。特别是利用电脑织机为创作工具，能使不同种类和色彩的线进行叠加与覆盖，产生传统工艺无法达到的多层次的微妙的变化，使织物在肌理和结构方面展现出无尽的想象力。

多功能性

纤维材料对人来说，具有很强的亲和力，是最容易与人亲近的材料。人类对它有着与生俱来的认同感，其柔软性、温暖性、可塑性、多彩性能在视觉上、触觉上、情感上弥补硬性材质的缺陷与不足，可以为坚硬、冰冷的室内空间增添柔软、温馨、亲近、安全的感觉。在用纤维艺术作品装饰建筑物的时候，人们会得到舒适和放松。纤维材料的这种亲和力，是纤维艺术作品受人们青睐的一个重要原因。

同时，由于各种纤维材质本身具有的物理和化学的性质，使纤维艺术作品具有各种实用的功能，包括隔寒、防潮、柔光、静音等作用。再加上现代纤维艺术作品在色彩、质感、肌理及表现力方面都有了很大的提高，具备了

保存更耐久、清洗更方便的优点，使纤维作品成为公众场所的地面装饰、墙壁装饰和各种室内不可或缺的集装饰与实用于一身的物品。

知识点

纤维艺术五美

材料美：不同自然属性的材料美，在艺术家的视觉中转化成美的心理感应，经过恰当的艺术表现，赋予材料一种特定意义的审美价值，产生了极其丰富的心理效应。

肌理美：不同质感的纤维材料因为柔软，才可以人为地自由地加工处理，由此产生了一种千变万化的美的视觉状态——肌理。

形态美：现代纤维艺术常运用力的重叠获得深度，产生比物理距离还要强烈的空间形态美；运用透视的抽象变形获得张力，形成具有动感的形态美。

色彩美：通过纤维艺术自身的色彩表现和纤维艺术的色彩与周围环境的色彩两方面关系的协调对比而共同完成的。

空间美：是艺术家把握纤维艺术整体美时缺一不可的重要元素，艺术家必须从形态、色彩及肌理等因素中去平衡协调，并使人们在视觉心理中产生审美联想，这样才最终完成整体的空间美。

纤维艺术工艺与图案

纤维艺术工艺

缬缋工艺

最早印花织物是湖南长沙战国楚墓出土的印花绸被面。长沙马王堆和甘肃武威磨嘴子西汉墓中，都发现有印花的丝织品。缬是印花织物的通称。缬有绞缬、蜡缬和夹缬。

绞缬，即扎染，是中国古代防染技法之一。将布帛按规格折褶成菱形、

绞缬工艺品

方形、条纹等各种形状，用线、绳缝、结扎，然后用染液浸染，晾干后拆去线结，缚结之处就呈现出着色不充分的有规则的图案，花纹疏大的叫鹿胎缬或玛瑙缬，细密的叫鱼子缬或龙子缬。这种防染法最适宜染制点花和条格纹，也能染出复杂的几何纹及十字花形、蝴蝶形、海棠花形等，还可用套染的办法染制五彩花纹。

蜡缬，即蜡染，属防染法。用白、黄蜡及松香按一定比例加热熔化，以蜡刀或毛笔在布帛上绘制图案，再浸染、搅动，蜡花开裂，染液顺着裂缝渗透，出现了自然裂纹。再加温漂洗即成。蜡缬是中国古老的印染技艺，把蜡染和刺绣结合起来，可构成形式多样的蜡染工艺品。

夹缬，是防染印花法。它是用两块对称的镂花夹版将织物夹紧再施色，染后花纹对称。日本正仓院迄今还保存着我国唐代的“花树对鹿”、“花树对鸟”夹缬屏风。

画缋就是古人在纺织品上描绘或刺绣花纹的技艺。奴隶社会和封建社会天子、百官公卿的礼服、旗仗、帷幔、巾布等，都要按照礼制绘绣各种图案花纹。用五色即黑、白、青、赤、黄描绘图案或刺绣图案，画缋是印染的前身。

染缬工艺品

染缬工艺

远古时期人们就用矿、植物染料对纤维品进行染色，并在实践中，掌握了多种染料的提取、染色等工艺技法，创造出七彩斑斓的纤

维品。这些纤维品，不仅是生活品，也是享誉世界富有民族风格的艺术品。居住在青海柴达木盆地诺木洪地区的原始部落，就能将毛线染成红、褐、黄、蓝等色，织出色彩装饰纹样的毛布。

商周时期，宫廷手工作坊中设有专职的官吏，管理染色工艺。《诗经》里提到织物颜色有“绿衣黄里”、“青青子衿”、“载玄载黄”等。汉代，染色技术高超。湖南长沙马王堆、新疆民丰等汉墓出土的丝织品，虽已埋葬了2000多年，但色彩仍然绚丽如新。当时的染色法一是织后染，如绢、罗纱、文绮等；二是先染纱线再织，如锦等。新疆民丰东汉墓出土的“延年益寿大宜子孙”、“万年如意”锦等，充分反映了当时染色、配色的高超技术，为研究古代丝印染色工艺，提供了宝贵的不可多得的史料。

我国古代染色用的染料，是天然矿物或植物染料。古代将原色青、赤、黄、白、黑称为五色。将原色混合得到间色。掌握了染原色的技法后，用套染不同的间色，提供了创作的源泉，丰富了纤维色彩。

染缬工艺品

在传统的染绣织纹样中色彩深暗的锦缎，还使用金、银色线等极富装饰色彩的线来钩衬，反光强，富丽生动，它们处于织物的纹样边缘上，用其反光性对其他色相起着明显的衬托和对照反差作用。

染缬是现代丝绸印染的前身，可分为手工染缬、型版染缬2大类别，又可细分为手工描绘和凸版与镂空版进行压印和拓印工艺。蜡染印染工艺是通过物理、化学方法对纺织品进行染色和印花的传统工艺。我国传统染色最早可以上溯到旧石器时代的元谋人、蓝田人、北京人和山顶洞人。在远古，先民们已经发明了原始的染色技术，他们把穿了孔的贝壳、石珠等，连接起来并用赤铁矿研磨成红色制作装饰品，这是染色技艺的萌芽状态。六七千年前的河姆渡文化和仰韶文化，创造了器型优美的彩陶文化，编织了竹席、草席，也织造了鲜艳的红色麻布、丝帛。古代的染色原料，除矿物质颜料如丹砂、粉锡、铅丹、大青、宝青、赭石等之外，还有植物染料茜草、红花、紫草、绿草、黄栀等。2000 多年前，中国的染色技术已经有了严格的标准色谱，并以其区别尊卑贵贱。

织锦工艺

织锦是一种极贵重而精美的丝织物。东汉刘熙《释名》说，“锦，金也。作之用功重，其价如金，故其制字从帛与金也。”它主要用来制作宫廷御用的服装。锦一直为人们所珍重，在人们心中是吉祥、美好、智慧和幸福的象征，锦又是馈赠朋友的珍品。织锦还有一门类织锦缎，它是传统的精品纤维织物，它以真丝作经，人丝作纬，交织出熟织物。图案精致、色彩绚丽、质地厚实、柔软光滑。少数民族的棉织也称锦，有傣锦、黎锦、十家锦、苗锦等类别。

在我国纺织历史上形成了成就最高的三大名锦，它们是四川的蜀锦、苏州的宋锦和南京的云锦，它们是“东方瑰宝，中华一绝”，是我国珍贵的传统文化遗产。

缂丝工艺

缂丝是中国著名的、特有的、历史久远的传统手工艺。它具有通经断纬的特殊工艺特点。织绣工艺的发展，促进了缂丝工艺的提高。北宋时宜州（今河北定县）的缂丝最为驰名。随着政治、经济、文化中心的南移，缂丝技艺开始在松江、苏州一带流传，除宫廷有御用缂丝艺人之外，苏州缂丝已经形成了特有的风格。缂丝运用结、掼、勾、抢技法，在传统的基础上改变用色，改进了抢（镶）色技巧，缂丝有独特的工艺特点。它是以生丝为经线，用彩色熟线作纬，纬线成曲纬状，采取通经断纬的织造技法，在图案和素底结合处，呈现一处小裂痕，又因使用抢色技法，用各种颜色的丝线补上，在二色衔接处形成线槽，产生了浮雕效果，好像是刻出的图

缂丝工艺品

画，也叫“刻丝”。整个工艺为落经（线）、牵经、套筘、弯结、在后抽经、拖经、嵌前抽经、捎经面、挑交、打翻头、拉经面、墨笔画样、织纬、修剪毛头，达到正反一致。缂丝工具简单，只有木机和梭子、拔子及竹筘，但织造方法相当复杂。凡花纹处都要局部挖织，色线多少就需多少梭子。要想缂制一件好作品，除图案复杂，色彩丰富之外，还有技法变化繁多，换梭频繁，这样才能达到预期的效果。根据缂制材料不同，可分为缂丝、缂毛等。

刺绣工艺

中国是一个具有悠久历史的文明之国，丰富的文化遗产是取之不尽的宝藏，刺绣艺术便是其中之一。刺绣工艺品以其本体的语言表达方式，形成特有的艺术效果，在纤维艺术创作门类中脱颖而出，它沿用了传统手工艺技巧，用不同质地、颜色、肌理的碎布缝绣或贴补以及缝纫技法，称之为布艺刺绣。布艺除本身具有的技艺之外，还应有艺术性。

刺绣类纤维品与现代空间装饰紧密相连，它的材料特性以及细腻表现是从建筑与生态环境的角度来考虑的。刺绣类纤维品在吸收传统工艺技法的同时，注重独创性，在材料的运用上根据创意需重新染制。

传统的刺绣以彩色丝、棉在丝质绸缎、绢、纱、棉布等面料上绣制，采用多种针法，富有极强的表现力。传统刺绣分为写实和装饰两种风格，写实风格的有花鸟、静物、风景、人物；装饰风格的有花卉、植物等图案。还分为欣赏性的绣画和生活品两大类。刺绣工艺是一种细致的传统手工艺，传统的补绣工艺是利用布色的变化分割画面的空间，又用刺绣方法统一和协调画面各部分之间的关系，使整个构图在统一中求变化。在刻画装饰性的同时也注重保留材料本身的质朴

顾　绣

感觉，赋予其朴素的内涵。绣品一般采用传统的套针刺绣方法，在色线的运用方面去发现和创造美，努力探索内容与形式，材料与技法之间的关系，使之和谐统一，以臻完美。

京　绣

刺绣工艺还有金银彩绣等工艺。它是用金、银线在绣好花纹的边线及结构处勾描，并盘在花纹的表面。金银绣富于特有的装饰风格。在绣线内部，铺垫棉花、绒布使绣面突起，为加强丝线的光泽，还以黑、棕、灰、青、绛红等深暗色彩绣制图案，配以传统吉祥内容，使金银彩绣工艺更富于民族特色。

刺绣工艺品类繁多、技法多样、绣艺精美、题材广博、寓意深邃、色彩华贵，因此被称作手工艺品的经典。中国刺绣与历史、文化、民俗、科学与美学密切关联，内涵丰富，在世界文化遗产中占有极其重要的位置。中国刺绣分苏绣、湘绣、粤绣、蜀绣四大绣派。

苏绣，是以苏州为中心的江苏地区刺绣产品的总称，它是在顾绣的基础上发展起来的。其苏州地处江南，苏绣的发源地在苏州吴县一带，濒临太湖，气候温和，盛产丝绸。因此，素有妇女擅长绣花的传统习惯。优越的地理环境，绚丽丰富的锦缎，五光十色的花线，为苏绣发展创造了有利条件。在长期的历史发展过程中，苏绣在艺术上形成了图案秀丽、色彩和谐、线条明快、针法活泼、绣工精细的地方风格，被誉为“东方明珠”。

从欣赏的角度来看，苏绣作品的主要艺术特点为：山水能分远近之趣；楼阁具现深邃之体；人物能有瞻眺生动之情；花鸟能报绰约亲昵之态。苏绣的仿画绣、写真绣，其逼真的艺术效果是名满天下的。

在刺绣的技艺上，苏绣技法多样，常用套针、枪针、打子、拉梭子、盘金、网绣、纱绣等，绣艺精湛，具有平、光、齐、匀、和、顺、细、密等特点，特别是乱针绣、双面绣名扬海内外。大多以套针为主，绣线套接不露针迹。常用3~4种不同的同类色线或邻近色相配，套绣出晕染自如的色彩效果。同时，在表现物象时善留“水路”，即在物象的深浅变化中，空留一线，

使之层次分明，花样轮廓齐整。

经过长期的积累，苏绣已发展成为一个品种齐全、画面丰收、变化多端的一门完整艺术，涉及装饰画（如油画系列、国画系列、水乡系列、花卉系列、贺卡系列、鸽谱系列、花瓶系列等）。实用品涉及服饰、手帕、围巾、贺卡等。

湘绣，是以湖南长沙为中心的刺绣产品的总称。湘绣在荆楚织绣的基础上，吸收了苏绣的细腻表现手法而发展起来。湘绣的特点是用丝绒线绣制，色彩丰富，极富立体感，生动逼真，风格粗犷。

湘　绣

湘绣在 1912 年意大利都灵博览会上获得最优奖，被国外誉为超级绣品。原先，长沙城里的商人们为了满足一批因镇压太平军而发迹的新贵，开设了“顾绣庄”，不久又以湘绣之名压倒了顾绣。湘绣是用丝绒线（无拈绒线）绣花，其实是将绒丝在溶液中进行处理，防止起毛，这种绣品当地称作“羊毛细绣”。湘绣也多以国画为题材，形态生动逼真，风格豪放，曾有“绣花花生香，绣鸟能听声，绣虎能奔跑，绣人能传神”的美誉。湘绣人文画的配色特点以深浅灰和黑白为主，素雅如水墨画；湘绣日用品的色彩艳丽，图案纹饰的装饰性较强。

在技法工艺上，湘绣以参针最具特色，俗称“乱插针”，还有齐针、花针、游针、钩针、刻针等技法，能够绣出神形，以至于嗅觉之灵气。湘绣主要以纯丝、硬缎、软缎、透明纱和各种颜色的丝线、绒线绣制而成。其特点是构图严谨，色彩鲜明，各种针法富于表现力，通过丰富的色线和千变万化的针法，使绣出的人物、动物、山水、花鸟等具有特殊的艺术效果。在湘绣中，无论平绣、织绣、网绣、结绣、打子绣、剪绒绣、立体绣、双面绣、乱针绣等，都注重刻画物象的外形和内质，即使一鳞一爪、一瓣一叶之微也一丝不苟。从1958年长沙楚墓中出土的绣品看，早在2500多年前的春秋时代，湖南地方刺绣就已有一定的发展。1972年又在长沙马王堆西汉古墓中出土了40件刺绣衣物，说明远在2100多年前的西汉时代，湖南地方刺绣已发展到了较高的水平。此后，在漫长的发展过程中，逐渐培养了质朴而优美的艺术风格。随着湘绣商品生产的发展，经过广大刺绣艺人的辛勤创造和一些优秀画家参与湘绣技艺的改革提高，把中国画的许多优良传统移植到绣品上，巧妙地将我国传统的绘画、刺绣、诗词、书法、金石各种艺术融为一体，从而形成了湘绣以中国画为基础，运用70多种针法和10多种颜色的绣线，充分发挥针法的表现力，精细入微地刻画物象外形内质的特点，绣品形象生动逼真，色彩鲜明，质感强烈，形神兼备。

粤绣，是以广东省广州市为生产中心的手工丝线刺绣的总称。相传最初创始于少数民族——黎族，绣工大多是广州、潮州男子，为世所罕见。其特点根据造型的需要，选择色彩繁多的绣线，绣线蓬松，针脚参差，针纹重叠，辅以金线盘绕覆盖，绣品雍容华贵，光彩夺目，与黎族织锦如出一辙。

在织工技艺上，粤绣构图繁密热闹，色彩富丽夺目，施针简约，绣线较粗且松，针脚长短参差，针纹重叠微凸。常以凤凰、牡丹、松鹤、猿、鹿以及鸡、鹅为题材。粤绣的另一类名品是用织金缎或钉金衬地，也就是著名的钉金绣，尤其是加衬高浮垫的金绒绣，更是金碧辉煌，气魄浑厚，多用作戏衣、舞台陈设品和寺院庙宇的陈设绣品，宜于渲染热烈欢庆的气氛。

粤绣的特色形成于明中后期。其主要特色有：①用线多样，除丝线、绒线外，也用孔雀毛捻缕作线，或用马尾缠绒作线。②用色明快，对比强烈，讲求华丽效果。③多用金线作刺绣花纹的轮廓线。④装饰花纹繁缛丰满，热闹欢快。常用百鸟朝凤、海产鱼虾、佛手瓜果一类有地方特色的题材。⑤绣工多为男工所任。绣品品种丰富，主要有衣饰、挂屏、褡裢、屏心、团扇、扇套等。

蜀绣，亦称“川绣”，是以成都为中心的四川刺绣产品总称。绣线以出自成都织造的红绿等色缎和自制的散线为主，绣品色质厚重，淳朴自然，富于情趣，多以生活品出现，观赏品少。花纹图案以花鸟为主，针法以套针为主，结合斜滚针、施流针、纺织针、朋参针等。平直庄重，色彩明亮，具有浓郁的民间吉庆色彩。由于受地理环境、风俗习惯、文化艺术等各方面的影响，经过长期的不断发展，逐渐形成了严谨细腻、光亮平整、构图疏朗、浑厚圆

润、色彩明快的独特风格。

蜀绣的历史也很悠久，据晋代常璩《华阳国志》中记载，当时蜀中的刺绣已十分闻名，并把蜀绣与蜀锦并列，视为蜀地名产。蜀绣的纯观赏品相对较少，以日用品居多，取材多数是花鸟虫鱼、民间吉语和传统纹饰等，颇具喜庆色彩，绣制在被面、枕套、衣、鞋及画屏。清中后期，蜀绣在当地传统刺绣技法的基础上，吸取了顾绣和苏绣的长处，一跃成为全国重要的商品绣之一。

蜀绣的技艺特点有线法平顺光亮、针脚整齐、施针严谨、掺色柔和、车拧自如、劲气生动、虚实得体，任何一件蜀绣都淋漓地展示了这些独到的技艺，据统计，蜀绣的针法有 12 大类，120 多种。常用的针法有晕针、铺针、滚针、截针、掺针、沙针、盖针等。蜀绣常用晕针来表现绣物的质感，体现绣物的光、色、形，把绣物绣得惟妙惟肖。如鲤鱼的灵动、金丝猴的敏捷、人物的秀美、山川的壮丽、花鸟的多姿、熊猫的憨态等，

蜀　绣

蜀绣绣法灵活，适应力强。一般绣品都采用绸、缎、绢、纱、绉作为面料，并根据绣物的需要，制作程序、配色、用线各不相同。

蜀绣遍布四川民间，20 世纪 70 年代末川西农村几乎是“家家女红，户户针工”，人数达四五千之多，相当于刺绣工厂在职职工的 15 倍。她们除刺绣被面、枕套、头巾、手巾、衬衣、桌布等几十个品种外，还积极生产外贸出口的生纺绣片、绣屏等。绣品仍保持浓厚的地方特色。蜀绣这一传统工艺的发展，时常得到画家的大力支持，如《薛涛制笺图》绣屏，就是画家赵蕴玉提供绣稿，由刺绣工艺师加工再创造的一幅佳作。它还采用“线条绣”，在洁白的软缎面料上运用晕、纱、滚、藏、切等技法，以针代笔，以线作墨，绣出来的花纹线条流畅、潇洒光亮、色调柔和。不仅增添了笔墨的湿润感，还具有光洁透明的质感。

蜀绣以软缎、彩丝为主要原料，其绣刺技法甚为独特，至少有100种以上精巧的针法绣技，如五彩缤纷的衣锦纹满绣、绣画合一的线条绣、精巧细腻的双面绣，以及晕针、纱针、点针、覆盖针等都是十分独特而精湛的技法。

当今绣品中，既有巨幅条屏，也有袖珍小件；既有高精欣赏名品，也有普通日用消费品。比如北京人民大会堂四川厅的巨幅“芙蓉鲤鱼”座屏和蜀绣名品“蜀宫乐女演乐图”挂屏、双面异色的“水草鲤鱼”座屏、“大小熊猫”座屏，就是蜀绣中的代表作。

抽纱工艺

抽纱工艺技法繁多，针法多变。主要有十字绣、贴布、抽丝、挖旁布及钩针通花等，其中钩针通花最具特色，钢针上下翻转钩绕各色纱线而织成花边。它的民俗特征有生活用品、馈赠礼品、岁时风物、定情信物。绣品造型质朴，特征鲜明，构图饱满，对比强烈。

抽纱是织绣工艺中的一个种类，在纤维材料上运用编、结、抽丝、扣锁、雕镂等方法，配合刺绣等工艺技法制成的工艺品，大体分为绣花、补花、编结和混合4类。而以绣花和编结流行最广、最具特色，纹样图案多以纳福迎祥为题材，图案丰满，层次丰富，工艺精美，以广东潮汕地区为典型代表。

海绵工艺

海绵具有强有力的层次、弹性感，既可修剪黏贴，也可缝纫包裹，还可用于布艺的内衬。布是纤维艺术创作使用的基本材料，具有生动活泼的韧性，可垂盖、压皱、折叠、挤压、打褶、打结、悬挂、包裹；可裁剪、卷折、撕裂缝纫；还可补拼、缝缀与装饰。既能扩展，亦能缩挤，加以绣、染印、彩绘或烧灼及海绵的内衬运用，现代缝纫技艺的导入，使布产生了奇特的起伏关系。海绵布贴内衬工艺在现代纤维艺术创作中能使作品层次突出，立体感强烈，具有极好的装饰性。

枪绣工艺

枪绣工艺壁毯是用电动绣枪上下穿织创作出来的，以较粗的颗粒状纤维组成色面，有很强的肌理感，袁运甫先生称其为“软质马赛克”，但缺乏层次感。枪绣工艺有其局限性，由于绣枪的编织速度较快，织线形成的颗粒大，

不适合表现精细的画面。枪绣可使用较粗的羊毛、混纺或腈纶色线穿织，不适合太细的各类色线。枪绣工艺壁毯没有经纬线，而是绣枪直接打在底布上，还可用胶黏贴于其背面。其肌理是未剪断的点状肌理和剪断织线而形成的绒状肌理。两种肌理既可以独立应用，又可共用在一块壁毯上，使枪绣形式活泼多样，生动自然。点状肌理吸光性比绒状肌理稍弱，因此，可根据需要决定采用何种肌理表现形式。

机绣工艺

20 世纪 40 年代随着工业化的发展，现代工业文明的代表之一缝纫机在纤维品创作中的运用大大提高了效率。往往工业化生产缺乏人性化的理念，而纤维作品风格理性平直，没有一定的层次，缺乏生动的艺术手法，很容易与工业化生产结为一体。机绣工艺在现代纤维艺术创作中多用以缝合、拼接处理花边及背部，或用于较大规模地生产工艺品。

编织工艺

编织工艺是用各类纤维材料作纬线，在经线上缠绕或不同工艺特点编织，形成块面。纬线可在单根或多根经线上缠绕编织，多种编织工艺可形成不同的肌理，如斜纹、绞纹、品字纹、珠纹、人字纹、袈裟纹等。

我国先秦时期工艺美术专著《考工记》中记载，“天有时，地有气，材有美，工有巧，合此四者，然后可以为良。”这简要论述了材料与设计之间的相互关系。

缝纫工艺

缝纫是创作纤维艺术的一种技法。拼、补、绗、缝为最基本的制作工艺。缝纫源于民间，其出发点是为了节约布头、碎块，而将各色、各类布头、碎料拼补在一起，形成各色各类综合的具象或抽象的图案，具有很强的装饰性、审美性和随意表达情感的装饰特征。

缝纫的工艺制作有着独特的艺术性，它以拼缝、绗线和灵活多变的补花，塑造块面，强调“面”是轮廓或色彩，少用或填充海绵及其他柔软物质，塑造复杂而丰富的图形，表现装饰的设计风格，既能强调塑造绗线，强调装饰作品单纯简单的概括造型效果，又能体现完美的绗线作用。

纤维艺术图案

纤维艺术图案的装饰风格，品种繁多，纹样特点各有差异。

蓝印花布图案

蓝印花布是广为流传的手工艺品，取材广泛，常以隐喻和谐音来表现美好的生活愿望，图案造型浑厚朴素、手法精练，大气度、大手笔，特征鲜明，重点突出。

构图多样，如狮子与绣球、飞鸟与植物、喜鹊与腊梅、金鱼与荷花等。蓝印花布是单色印花，以纹样的疏密变化，蓝白互相穿插运用，在强烈的对照中取得调和，反映出蓝印花布的强烈与朴素的风格。

彩印花布图案

彩印花布品种风格各不相同，图案丰富，类似版画的丝网印刷。常用对称、重复的构图，疏密、大小的构成排列，形成完整统一的形式，图案风格灵活多变。

丝绸图案

丝绸是纤维艺术的平面精品。丝绸图案造型精致，图案色彩丰富，采用写实手法，造型生动，活泼动人，构图灵活，技法多样，手法细腻，用线流畅。配合点线面的构成，转折重叠、虚实相间、形式多样、排列灵巧、用色温和，朴实而别致。

蜡染图案

蜡染是传统的手工印染技法，川、云、贵少数民族地区广泛使用这种印染方法。

蜡染是先绘蜡于布上，再染色，最后把蜡除去。这种防染工艺操作简便，可在布料上直接绘制。由于蜡性之特征脆裂，所染花纹在浸染时，染料液由裂纹中浸入被蜡所覆盖部分，产生各种极其自然的裂纹，因此图案富于自然的变化。